Best wishes for the future of your work with animation students

Gary Mairs

祝愿动画学生的作品拥有美好的未来！

盖瑞·梅尔斯

美国籍。美国加州艺术学院电影学院院长、
电影导演工作坊创办人之一。在电影界有多年的
创作经验。曾导演和监制电影短片《醒梦》
(2007)、《说出它》(2008)、《海明威的夜晚》
(2009)，担任官方纪录片《出神入化：电影剪辑
的魔力》(2004)的艺术指导。在线上专业杂志包
括《摄影机的低架》、《烂番茄》。发表多篇专
业论文，著作有《被控对称性：詹姆斯·班宁的
风景电影》。

盖瑞·梅尔斯（Gary Mairs）

培养中国动画精英

孙立军

孙立军

北京电影学院动画学院院长、教授。

现任国家扶持动漫产业专家组原创组负责人、中国动画学会副会长、中国电视艺术家协会卡通艺术委员会常务理事、中国成人教育协会培训中心动漫游培训基地专家委员会主任委员、中国软件学会游戏分会副会长、中国东方文化研究会漫画分会理事长、国际动画教育联盟主席、微软亚洲研究院客座研究员、北京电影学院动画艺术研究所所长。

主要作品有：漫画《风》，动画短片《小螺号》、《好邻居》，动画系列片《三只小狐狸》、《越野赛》、《浑元》、《西西瓜瓜历险记》，动画电影《小兵张嘎》、《欢笑满屋》等。

曾担任中国中央电视台少儿频道动画片、"金童奖"、"金鹰奖"、"华表奖"、汉城国际动画电影节、2008奥运吉祥物设计、世界漫画大会"学院奖"等奖项的评委。曾获中国政府华表奖优秀动画片奖、中国电影金鸡奖最佳美术片奖提名等奖项。

with head and
hands ...
all the best to
Animation Students
Keep animating!
Robi Engler

祝愿所有学习动画的学生，用你们的
头脑和双手，创作出优秀的作品！

罗比·恩格勒

瑞士籍。1975年创办"想象动画工作
室"，致力于动画电视与影院长片创作，
并热衷动画教育，于欧、亚、非三洲客
座教学数年。著有《动画电影工作室》
一书，并被翻译成四国语言。

罗比·恩格勒（Robi Engler）

THE FUTURE OF
ANIMATION IN CHINA
IS IN THE HANDS
OF YOUNG TALENT
LIKE YOURSELVES.
TOMORROW'S LEGENDS
ARE BORN TODAY!
CHEERS,

KEVIN GEIGER
WALT DISNEY
ANIMATION

中国动画的未来掌握在年轻人手中，就如同你们自己。今天的你们必将成为明天的传奇！

凯文·盖格

美国籍。现任北京电影学院客座教授。曾担任迪斯尼动画电影公司电脑动画以及技术总监、加州艺术学院电影学院实验动画系副教授。在好莱坞动画和特效产业有将近15年的技术、艺术和组织方面的经验，并担任Animation Options动画专业咨询公司总裁、Simplistic Pictures动画制作公司得奖动画的制片人、非盈利组织"Animation Co-op"的导演。

凯文·盖格（Kevin Geiger）

Photoshop全掌握

[中国台湾] 郑俊皇　主编

[中国台湾] 刘佳青　夏　娃　编著

中国科学技术出版社

·北　京·

图书在版编目(CIP)数据

Photoshop全掌握／[中国台湾] 刘佳青　夏　娃编著. 一北京：
中国科学技术出版社，2010
（优秀动漫游系列教材）
ISBN 978-7-5046-4979-9

Ⅰ.P… Ⅱ.①刘…②夏… Ⅲ.①图形软件，Photoshop CS
Ⅳ.①TP391·41

中国版本图书馆CIP数据核字（2010）第033952号

本社图书贴有防伪标志，未贴为盗版

著作权合同登记号：01-2010-1397

主　　编　[中国台湾] 郑俊皇
作　　者　[中国台湾] 刘佳青　夏　娃

策划编辑　肖　叶
责任编辑　胡　萍　邵　梦
封面设计　阳　光
责任校对　张林娜
责任印制　安利平
法律顾问　宋润君

中国科学技术出版社出版

北京市海淀区中关村南大街16号　邮政编码：100081
电话：010-62173865　传真：010-62179148
http://www.kjpbooks.com.cn
科学普及出版社发行部发行
北京盛通印刷股份有限公司印刷
＊
开本：700毫米×1000毫米　1/16　印张：14　插页：4　字数：250千字
2010年4月第1版　2010年4月第1次印刷
ISBN 978-7-5046-4979-9/TP·367
印数：1-5 000册　定价：59.00元

（凡购买本社的图书，如有缺页、倒页、
脱页者，本社发行部负责调换）

郑俊皇

出生地：中国台湾省

学术职称：副教授

专长：动画制作、城乡研究与规划、视觉心理学、漫画学、符号学

现任：

国际动画教育联盟（IAEA）　秘书长

国际动画讯息中心（IAIC）　主统筹

新加坡亚太区国际动画竞赛　副主席

北京电影学院　客座教授

Artkey国际艺术授权公司　动漫授权首席顾问

文化部动漫基地专家顾问团

韩国漫画100年委员会邀请指导专家

日本漫画学会　海外学术会员

松雷科技公司　首席执行官

鸿海集团IT顾问

《又见白娘子》电视剧　动画特效总监

曾任：

新加坡亚太区国际动画竞赛决赛　国际总评

韩国国际漫画比赛　国际总评

China Time 时事漫画主笔三年

前言

  Adobe Photoshop是全世界公认的权威性的图形图像处理软件,其拥有功能完善、性能稳定、使用方便的卓越特点,已成为各个领域不可或缺的工具。

  现在,欢迎您走进Photoshop的快乐之旅!本教材将软件基础知识、操作技巧以及案例实战完美地整合为一,将为您带来一种全新的学习模式。本书与众不同之处便是以循序渐进的学习规划帮助读者逐步提高;以贴心的讲解为读者解除困惑。

  本书以初学者为出发点,力求通过恰如其分的说明,把复杂化的问题变得简单易懂。在编写时根据广大初学者和图形图像处理人员的实际需求,进行了全面且细致的讲解,不仅强调基础性知识又重视实践性应用,将制作实例融入到软件功能的讲解过程中。对初学者来说无疑是一本图文并茂、通俗易懂的操作手册。

  总之,真诚希望此书能为您提供切实的帮助,为您打开艺术殿堂的大门!

编 者

2010年3月

目录

第六章
通道与蒙版的使用

第七章
教学实例

第一章
基础知识

▦ Photoshop CS 基本概念

Adobe Photoshop CS 已成为专业摄影师、艺术家和图形设计者所一致青睐的专业图像编辑软件,它使图像创作进入另一个更大的空间。Adobe Photoshop CS 主要适用于图像处理、广告设计与数字后期制作。Photoshop CS 的图层(Layer)概念让很多作品实现的可能性相对提高,起初它只是在Apple机(MAC)上使用,而后开发出了Windows的专用版本。下面介绍这个软件里的一些基础概念与技法。

图像类型

计算机图形主要划分成两种类型:点阵图像和矢量图形,既能包含位图,也能够包含矢量数据。理解两类图形间的差异,对图片的创建、编辑和导入会很有帮助。

分辨率(DPI, Dots Per Inch)

图像的分辨率(DPI)即是每单位长度上的像素。屏幕一般是以1英寸(2.54厘米)内有多少点数为概念。72DPI就是72点分布在2.54厘米内的范围。印刷行业中采用LPI表示分辨率,1LPI=2DPI,现在印刷机是150线以上,所以印刷分辨率一般是以300点起跳。分辨率不够,画面就会模糊。打印机的分辨率一般是150就够了。

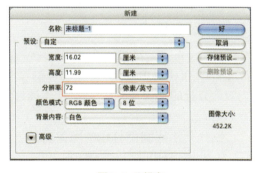

图1-1 分辨率

图像尺寸与图像大小以及分辨率之间的关系:如果图像尺寸大、分辨率大、文件较大、所占内存大,那么电脑处理速度就会减慢,反之,若减少上述中任何一个因素,其处理速度即可加快。

通道(色板):指的是各种色彩的范围,一个通道为一种基本色。例如RGB色彩,R为红色,因此R通道的范围即为红色,G为绿色,B为蓝色。一个色板会占相应的空间,如RGB中一个R通道就占1/3的空间。

图层:在Photoshop 2.5版本后就出现了图层概念。普遍的作法是用多个图层来制作图像,而每一个图层就好比是一张透明纸,当它们重叠放置在一起时就能呈现出一个完整的图像。使用者能针对选定的任一图层进行修改处理,且不会对其他并存的图层造成任何的影响。

图像的色彩模式

通过不同的方式用数字描述颜色。Photoshop 的颜色模式是基于颜色模型,而颜色模型对用于印刷的图像非常有用。颜色模式除了用来确定图像中颜色数量的显示之外,也会影响通道数和图像的文件大小。

RGB 颜色模式

RGB为色光模式(加法模式),R代表红色,G代表绿色,B代表蓝色,三种色彩相互叠加而形成其他颜色,所以此种模式也称作加色模式,目前所有的显示器,包含投影设备及电视机等数字设备皆是以此模式来呈现画面。

图1-2 RGB

Photoshop 的 RGB 颜色模式使用 RGB 模型,对于彩色图像中的每个 RGB(红色、绿色、蓝色)分量,为每个像素指定一个 0(黑色)到 255(白色)之间的强度值。当所有分量的值均为 255 时,结果是纯白色;当这些值都为 0 时,结果是纯黑色。

编辑图像时,此种模式为最佳的色彩模式,它所呈现出的24位(bit)色彩范围能提供高亮度与高饱和度的鲜艳色彩。Photoshop 的 RGB 颜色模式会因"颜色设置"对话框中所指定的工作空间的设置而有所不同。

CMYK 颜色模式

CMYK也称减色模式。C代表青色,M代表洋红色,Y代表黄色,K代表黑色,此种模式为最标准的打印模式。当四种分量的值均为0 时,就会产生纯白色,等于各色都不上墨。

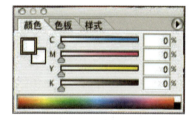

图1-3 CMYK

制作要用印刷色打印的图像时,应选用 CMYK 模式。如果从 RGB 图像开始,最好的方式为先在 RGB模式下编辑,然后处理结束时再将模式转换为 CMYK,可以使用"校样设置"命令模拟 CMYK 转换后的效果,而不需要更改图像数据,也可以使用CMYK 模式直接处理从高端系统扫描或导入的 CMYK 图像。Photoshop 的 CMYK 颜色模式会因在"颜色设置"对话框中指定的工作空间设置而异。

Lab 颜色模式

Lab颜色模式是国际照明委员会(CIE)公布的一种色彩模式,它弥补了RGB与CMYK两种模式的不足之处,且Lab模式所定义的色彩最多,在转换为打印模式(即CMYK模式)时也不必担心丢失色彩或被替换掉原来的颜色。因此在色彩范围的表达上,此模式为首选。

图1-4 Lab

位图模式

位图模式使用两种颜色值,即黑色与白色。位图(也称点阵)模式下的图像被称为位映射 1 位图像,因为其位深度为 1。此种模式能更完善控制灰度图像的打印输出,例如使用输出设备(如激光打印机)打印图像时,位图模式就可以更好地设定网点的大小形状和相互角度。

灰度模式

灰度模式使用多达 256 级灰度。灰度图像中的每个像素都有一个 0(黑色)到 255(白色)之间的亮度值。灰度值也可以用黑色油墨覆盖的百分比来度量(0等于白色,100% 等于黑色)。而此种模式中,亮度则是唯一的控制要素,亮度越高,灰度越浅,越接近于白色;亮度越底,灰度越深,就越接近于黑色。

图1-5 灰度

以下的原则适用于将图像转换为灰度模式和从灰度模式中转出:

● 位图模式和彩色图像皆可以转换为灰度模式。

● 在将彩色图像转换为高品质的灰度图像时,Photoshop 会放弃原图像中的所有颜色信息。转换后的像素的灰阶(色度)即表示原像素的亮度。

提示

图标通过使用"通道混合器"命令混合颜色通道的信息,可以创建自定灰度通道。

● 当从灰度模式向 RGB 转换时,像素的颜色值取决于其原来的灰色值。灰度图像也可转换为 CMYK 图像或 Lab 彩色图像。需要注意的是,尽管Photoshop允许将一个灰度档案转换为彩色模式档案,但却无法将原来的色彩完全恢复回来。

双色调模式

双色调模式通过二至四种自定的油墨创建单色调、双色调(两种颜色)、三色调(三种颜色)和四色调(四种颜色)的灰度图像。使用此模式,可打印出比单纯的灰度模式还要丰富好看的颜色的图像。

索引颜色模式

索引颜色模式也叫做映像颜色。当转换成索引颜色时,Photoshop 将构建一个颜色查找表(CLUT),用来存放并索引图像中的颜色。倘若原图

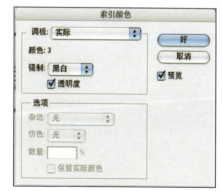

图1-6 索引

像中的某种颜色并未显现在该表中,则程序将选取最接近的一种或使用仿色,用现有的颜色来模拟替代该颜色。

由于调色板的色彩有所限制,所以索引色必须缩减文件的大小,但为了某些应用程序(如多媒体演示文稿或 Web 页)使用时能维持足够的视觉品质,于是在此种模式下只能进行有限的编辑功能。若想要进一步编辑,应临时转换成 RGB 模式。

多通道模式

多通道模式适用于专业打印,尤其是特殊打印时,多通道图像非常有用。

下列几项原则适用于将图像转换为多通道模式:

● 原图像中的颜色通道在转换之后的图像中会改变为专色通道。

● 将颜色图像转换为多通道模式时,新的灰度信息基于每个通道中像素的颜色值。

● 想要创建青色、洋红、黄色和黑色专色通道,可将 CMYK 图像转换为多通道模式。

● 而要创建青色、洋红和黄色专色通道时,可将 RGB 图像转换为多通道模式。

● 从 RGB、CMYK 或 Lab 图像中删除通道可以自动将图像转换为多通道模式。

● 如想要输出多通道图像时,请将其以 Photoshop DCS 2.0 格式存储。

Photoshop CS 界面介绍

Photoshop工作区域的布置方式有助于使用者集中精力创建及编辑图像。

工作区域包括以下组件

菜单栏

菜单栏里包含执行任务的菜单,相近的功能都会放在同一个菜单项下,此栏共有文件、编辑、影像、图层、选取、滤镜、分析、检视、窗口、说明等主题。

选项栏

点击工具箱中不同的工具,就会显示相关使用工具的不同属性选项。

工具箱

PhotoShop中的主要功能项就是由工具箱中的各种创建与图像编辑工具组成,配合菜单中的相关指令,创造出许多不同的效果。

现用图像区域

此即为所开启的文件,开启的文件宽度及高度越大(分辨率相同),工作区的画面自然就会越大。

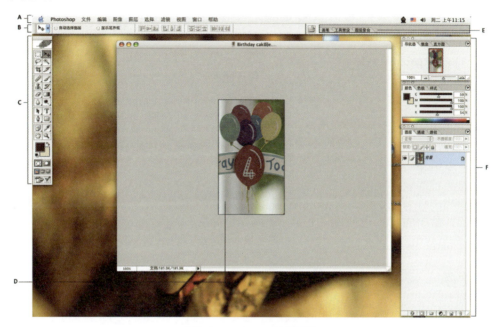

图1-7 Photoshop 工作区域

A.菜单栏 B.选项栏 C.工具箱 D.现用图像区域 E.调板井 F.调板

调板井

调板井能帮助使用者在工作区域中组织调板,让作业进行得更加顺利。

调板

Photoshop的调板一般都会设置在右边,但可依照个人习惯放置于画面中任何位置,或与不同的面板组合为不同的群组,可帮助使用者更有效率地监视和修改图像。

Photoshop CS 文件使用

新建文档

新建图像文件操作步骤如下:

1 点选"文件"菜单栏中的"新建"选项。

2 选择图像尺寸的单位,可输入符合自己需求的图像的高、宽及分辨率。

一般情况下会根据图像制作的目的,选定新建图像的分辨率和图像尺寸。若是图像仅用于屏幕演示,通常设置为屏幕的分辨率及尺寸。

3 选择图像的色彩模式。

图像的色彩模式是指图像文件的不同显示方式,一般而言用于屏幕显示的最佳模式是RGB彩色模式,它用红、绿、

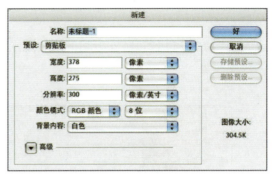

图1-8 新建文档

蓝三种颜色作为构成图像的基本颜色。在此种模式下,每一种颜色可有0~255的亮度变化,反映出大约167×106种颜色,RGB模式比其他色彩模式更能呈现出效果较佳的色彩质量。

4 新增图像背景颜色:依据个人作业上的不同需求,有三个选项可供选择,分别为白色、工具盘中的背景色或透明色,一般以白色为主。

5 在新建图像中的名称框内输入文件名称,最后单击"好"按钮,完成。

打开文件

1 选择"文件"菜单栏中的"打开"菜单选项。

2 从"搜寻"列表中选取图像文件所在的文件夹。

3 接着在"文件类型"的列表中选择图像文件类型。

4 在文件名称列表的窗口中选择所需的图像文件,也可在对话框下方预览指定文件的图像。

图1-9 打开文件对话框

5 单击"打开"选项按钮,打开所选的图像文件,若要中止文件开启的动作,则单击"取消"按钮。也可通过直接双击文件名的方式,快速打开指定的图像文件。

图形图像处理

图像处理基础知识之一——图形图像两兄弟

一般看到的各种图像画面大致分为位图、矢量图。位图是由像素组合而成

的，就是由一个个不同颜色的小点组成，将这些不同颜色的点一行行、一列列整齐地排列起来，最终所组成的画面称之为图像。

矢量图则是对各式各样的对象形状进行记录，由不同的形状所组成的画面，称为图形。

总结起来即是：

位图——像素——图像（如照片、摄像画面）

矢量图——数学——图形（一条线、一个圆、一个漫画人物）

现在的Photoshop是以处理位图为主的。从6.0以后，虽加强了软件中的矢量绘图功能，但最终还是要落实到像素。

图像处理基础知识之二——图像精度莫随意

像素的数量多少会直接影响到图像的质量。在一个单位长度之内，如排列的像素多，表述的颜色信息多，这个图像就清晰；反之排列的像素少，表述的颜色信息少，这个图像就粗糙。这就是图像的精度，也可称之为"分辨率"。

分辨率是指像素在单位长度内排列的多少，因而，只有位图才会有分辨率，矢量图并不存在分辨率的问题。这里所说的分辨率的单位长度，在世界上都是以英寸为单位表示的，也就是在1英寸之内有多少像素排列。必须要知道：1英寸=2.54厘米。当对方给你一个图像文件，同时告诉你：此为分辨率300的，意思就是这个图像是由每英寸300个像素记录的。

一般不能在图像制作以后才做重新更改分辨率的动作，因为那样会严重影响图像的质量。绝对不能盲目地增加像素，以此提高分辨率。比如，1英寸排列10000个像素可行吗？答案是不行！

图像处理基础知识之三——图像插值心里明

若是现有图像的尺寸和分辨率不符合需求，通常使用Image Size命令设置。

在Image Size面板中，清楚地列出当前图像的各项参数。改变这些参数，有以下三个基本原则。

1 改变像素宽度、高度的数量，它与图像的输出尺寸、文件容量成正比关系，但与图像分辨率没有关系。也就是说，只改变了图像的尺寸，并没有改变图像的分辨率。

2 改变图像的分辨率，它与像素宽度、高度的数量以及文件容量成正比关系，而与图像尺寸没有关系。也就是说，只改变分辨率，并没有改变图像的尺寸。

3 锁定像素宽度、高度的参数不变，图像的尺寸与分辨率则成反比关系。

根据这三条原则，当要将一个图像从小尺寸改变为大尺寸的时候，就必须要增加新的像素。这些新增加进来的像素，就称为"插值"。

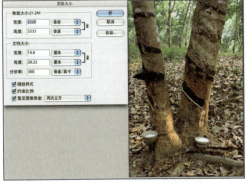

图1-10 图像处理中的插值

图像处理基础知识之四——三种插值各不同

打开Image Size命令面板，可以看到当前图像文件的各项参数。

将目前的图像分辨率从72px/inch改成300px/inch，单击OK键。图像以系统内默认的二次立方的插值方式能大幅度提高其分辨率。

将另外一个副本图像分辨率也提高到300px/inch，这次设定为邻近的插值方式，单击OK键。可以见到：按照邻近方式插值后，画面中的文字部分十分清晰，而图像部分则明显呈现出马赛克化的现象，这种插值方式较适用于位图这类需要保留硬边缘的图像。

将最后一个副本图像分辨率也提高到300px/inch，设定二次线性的插值方式，单击OK键，此设定多用于需求度属中等质量的图像，速度也快。

对于画面中图像和文字都要兼顾的问题，将图像分别用两种方式做插值，然后从一个图像中拷贝局部图像粘贴到另一个图像中。这种图文分层处理的做法就称为打补丁。

图像处理基础知识之五——扫描精度算清楚

扫描图像的时候，扫描要依照的分辨率是需要进行科学计算的。公式如下：

扫描精度=输出尺寸/输入尺寸×输出精度

举个例子：要将一张照片印刷到图书的封面上，这张照片的单边尺寸（输入尺寸）为10cm，印刷到纸上后同一单边的尺寸（输出尺寸）需要为20cm。铜版纸印刷的图像分辨率（输出精度）为300px/inch。

按照公式计算可以得知：20/10×300=600

在扫描仪界面中分辨率设定为600dpi、100%扫描，并做好其他相应设置。

保存文件

可以使用当前的文件名、位置和格式或另外设定新的文件名、位置、格式和选项存储文件。还可以在存储文件拷贝的同时使当前文件在桌面上保持开启状态。

存储当前文件的更改

选取"文件"→"存储"。

以另外的名称和位置存储文件

1 选取"文件"→"存储为"。

2 键入文件名并选取文件的位置。

3 点按"保存"。

以另外的文件格式存储文件

1 执行下列操作之一：

* 在Photoshop中选取"文件"→"存储为"。

* 在ImageReady中选取"文件"→"导出"→"原始文档"。

2 执行下列操作之一：

* 在 Photoshop 中，从"格式"菜单中选取一种格式。

* 在 ImageReady 中，从"保存类型"(Windows) 或"格式"(Mac OS) 菜单中进行选取。

另外，在 Photoshop 中，如果选取的格式无法全部支持文档的功能，对话框底部将出现一个警告标示，建议以 Photoshop 格式或以支持所有图像数据的另一种格式存储文件的拷贝，以避免文件出现不可预知的错误，造成文件信息损失或毁坏的情况发生。

3 指定文件名和位置。

4 在"存储为"对话框中，选择存储选项。

5 点按"保存"。

在 Photoshop 和 ImageReady 中，每当使用图像格式进行存储时都会出现一个选项对话框。

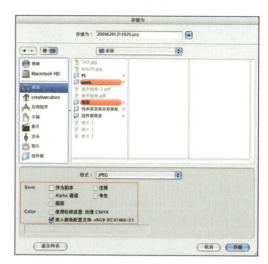

图1-11 存储选项

图1-12 存储为

● 以 Photoshop EPS 格式存储文件 (Photoshop)，此为Photoshop专用的存储格式，能完整保存文件信息。可存成RGB或CMYK模式，并保留文件分离的图层（Layer），以便日后修改和制作各种特效。

● 以 BMP 格式存储文件，是最普遍的位图存储格式之一，也是Windows系统下的标准格式。

● 以 GIF 格式存储文件 (Photoshop)，特点为可储存成背景透明化的形式，并可将多张图片存成一个文件，形成动画效果。

● 以 JPEG 格式存储文件 (Photoshop)，此格式为一种高效率的压缩档，能缩减文件的大小，但因压缩而被删除的图片信息无法复原，也称作破坏性压缩。

● 以 JPEG 2000 格式存储文件（Photoshop 可选增效工具，只有安装了可选的 JPEG 2000 增效工具，才能使用 JPEG 2000 格式）。

● 以 Photoshop PDF 格式存储文件 (Photoshop)。

● 以 PNG 格式存储文件 (Photoshop)，与GIF格式同为可储存成背景透明化的形式，其图片质量也较佳，但不支持动画效果。

● 以 QuickTime 影片格式存储文件 (ImageReady，只有在计算机中安装了 QuickTime，才能使用 QuickTime Movie 格式）。

● 以 SWF 格式存储文件 (ImageReady)。

● 以 Targa 格式存储文件。

● 以 TIFF 格式存储文件，属于系统中的标准格式之一，能无损地保存文件，与JPEG不同，此格式可以在编辑后重新存储而不会有压缩损失。

若要将图像的临时版本存储在内存中，可使用"历史记录"调板创建快照，复制一个状态相同的新文件。如果文件格式不支持图层，或是所选图像不包含多个图层，则"图层"的选项无效。

设置文件存储选项

作为副本

存储文件拷贝，同时使当前使用中的文件在桌面上保持打开状态。

Alpha 通道：可将 Alpha 通道信息与图像一并存储。不使用该选项时便自动会将 Alpha 通道从要存储的图像中删除。

图层：保留图像中现有的所有图层。如果该选项被禁用或者不可用，则文件里可视图层将拼合或合并取决于所选格式。

注释：将注释与图像一并存储。

专色：将专色通道的所有信息与图像一并存储。禁用该选项则会自动将专色从存储的图像中删除。

"使用校样设置"、"ICC 配置文件"(Windows) 或 "嵌入颜色配置文件"(Mac OS)创建色彩管理文档。

只有在"文件处理预置"对话框中选取了"图像预览"的"存储时提问"选项以及"文件扩展名"的"使用小写"选项时,才会有图像预览和文件扩展名选项。

缩览图（Windows）

存储文件的缩览图数据。

"图像预览"选项（Mac OS）

为存储文件的缩览图数据。缩览图显示在"打开"对话框中。可以设置下列图像预览选项:"图标"将预览用作桌面上的文件图标,"全大小"存储 72 ppi 版本,以便在只能打开低分辨率 Photoshop 图像的应用程序中使用,"Macintosh 缩览图"在"打开"对话框中显示预览,而"Windows 缩览图"存储可在 Windows 系统上显示预览。

使用小写

使文件扩展名为小写。

"文件扩展名"选项（Mac OS）

指定文件扩展名的格式。选择"追加"可将格式的扩展名添加到文件名称中,选择"使用小写"使扩展名为小写。

存储大型文档 （Photoshop）

Photoshop 支持宽度或高度最大值为 300 000 像素的文档,并为宽度或高度超过 30 000 像素的文档提供三种文件格式用于存储其图像。旧版本的 Photoshop,包括大多数应用程序只能支持最大为 2GB 的文件或者宽度、高度最大值为 30 000 像素的图像文件。

存储文件大小超过 2GB 的文档

选取"文件"→"存储为",并选取下列文件格式之一

大型文档格式 (PSB):本格式支持任何像素大小和任何文件大小的文档。所有 Photoshop 功能都保留在 PSB 文件中。目前PSB 文件仅受 Photoshop CS 支持。在"文件处理"下的"预置"中,必须先选择"启用大型文档格式"选项,之后才能够以 PSB 的格式存储文件。

Photoshop Raw:此种格式支持任何像素大小或文件大小的文档,但是不支持图层。

　　TIFF：此格式支持最大为 4 GB 的文件。

图1-13　启用大型文档格式

在 Photoshop 中启用大型文档格式

　　1 执行下列操作之一：

　　* （Windows）选取"编辑"→"预置"→"文件处理"。

　　* （Mac OS）选取"Photoshop"→"预置"→"文件处理"。

　　2 选择"启用大型文档格式（.psb）"选项。

以 Photoshop PDF 格式存储文件 （Photoshop）

　　执行"存储为"命令，以 Photoshop PDF 格式存储 RGB、索引颜色、CMYK、灰度、位图模式、Lab 颜色和双色调的图像，还可以使用 PDF 格式将多个图像存储在多页面文档或幻灯片放映演示文稿中。

以 Photoshop PDF 格式存储文件的步骤

　　1 选取"文件"→"存储为"，然后在"格式"菜单中选取"Photoshop PDF"。如果要嵌入颜色配置文件或使用以"校样设置"命令指定的配置文件，则可以选择"颜色"选项。点按"保存"。

　　2 在"PDF 选项"对话框中，选择所需的选项，然后点按"好"。

编码

　　确定压缩方法（Zip 或 JPEG）。

注释

　　位图模式图像用 CCITT 压缩方法自动编码，"PDF 选项"对话框不出现。

图1-14　PDF格式存储文件

　　存储透明度： 当在另一个应用程序中打开文件时保留透明度。如果文件包含专色通道或不包含透明度，此选项则无法选用。

　　图像插值： 可消除低分辨率图像打印外观的锯齿化情形。

　　降低颜色配置文件等级： 对于第 4 版的配置文件，如果在"存储"对话框中选择了"ICC 配置文件"(Windows) 或"嵌入颜色配置文件"(Mac OS)，则此选项会将配置文件降级为第 2 版。如果打算在不支持第 4 版配置文件的应用程序中打开文件，请选择此选项。

PDF安全性：指定安全性选项，像是密码保护和对文件内容的受限访问。选择"PDF 安全性"，然后点按"安全性设置"按钮，打开"PDF 安全性"对话框，指定所需的选项，点按"好"。

包含矢量数据：为确保输出时图形更为平滑，可将任何的矢量图形保留为与分辨率无关的对象，可以选择下列选项：

● 在没有安装这些字体的计算机上也能顺利无误地显示和打印，执行"嵌入字体"命令，以确保显示和打印文件中使用的所有字体。选择"嵌入字体"会增加存储文件的大小。

● 存储路径执行"对文本使用轮廓"命令。在下列几种情况下应选择该选项：嵌入的字体导致文件太大，或打算在无法读取包含嵌入字体的 PDF 文件的应用程序中打开文件，又或者字体无法正确显示或打印。在 Photoshop 中重新打开文件时可以编辑这些文本。

提示

如果遇到PDF 查看器自行显示替代字体的情况时，即表示"嵌入字体"和"对文本使用轮廓"两者都没有被选中。

指定"PDF 安全性"选项

▌1▐ 在"PDF 选项"对话框中，选中"PDF 安全性"，然后点按"安全性设置"按钮，打开"PDF 安全性"对话框。

▌2▐ 在"PDF 安全性"对话框中，选中"需要输入密码才能打开文档"，并指定"'文档打开'密码"，防止其他用户打开文档（除非他人键入了您所指定的密码）。密码以大小写区分。

▌3▐ 选中"需要输入密码才能更改权限和密码"并指定"'权限'密码"以限制用户打印和编辑文件。除非其他使用者键入了用户指定的密码，否则他

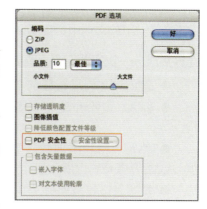

图1-15 PDF安全性

们无法更改这些安全性设置。用户不能使用与"'文档打开'密码"相同的密码。在 Photoshop 中打开 PDF 文件时，会要求用户输入"'权限'密码"。

▌4▐ 使用"兼容性"菜单可以选取用于打开受密码保护文档的加密类型：

40 位 RC4（Acrobat 3.x、4.x）：指定低加密级别。

128 位 RC4 (Acrobat 5)：指定高加密级别，但是 Acrobat 3 和 Acrobat 4 的用户无法打开用高加密级别设置的 PDF 文档。

128 位 RC4 (Acrobat 6)：指定高加密级别，但是 Acrobat 3、Acrobat 4 和 Acrobat 5 的用户无法打开用此加密级别设置的PDF文档。此加密级别可用纯文本元数据和缩览

图，在Acrobat 6 以前的版本中未提供此选项。

⑤ 在"PDF 安全性"对话框的"兼容性"区域中，指定下列选项。

对于 40 位 RC4（Acrobat 3.x、4.x）加密

禁止打印：执行此指令则禁止用户打印文档。

禁止更改文档：执行此指令则会禁止用户对文档进行任何更改，其中也包括填写签名和表格栏。

禁止拷贝或提取内容，停用可访问性：执行此指令则禁止用户选择和拷贝 PDF 文档的内容。

禁止添加或更改注释和表格栏：执行此指令则会禁止用户添加或更改注释和表格栏。

对于 128 位 RC4（Acrobat 5）或 128 位 RC4（Acrobat 6）加密

此指令是专为视障人士启用内容访问功能，执行后可以允许有视觉障碍的用户使用屏幕阅读器阅读文档的内容。

允许内容拷贝和提取：执行此指令即允许用户选择和拷贝 PDF 文档的内容。它还使需要访问 PDF 文件内容的实用程序（如 Acrobat Catalog）能够访问那些内容。

不对元数据和缩览图加密（限 Acrobat 6）：执行此指令可允许在文件浏览器中查看安全 PDF 文档中的元数据和缩览图，而不需提供安全的 PDF 文档密码。

允许更改——执行此定义允许在 PDF 文档中执行下列编辑操作

● 禁止对文档进行任何更改，包括填写签名和表格栏，执行"无"指令。

● 插入、删除和旋转页面，以及创建书签和缩览图页面，执行"仅限文档汇编"指令。

● 填写表格和添加数字签名。此选项不允许添加注释或创建表格栏，执行"仅限填写或签署表格栏"指令。

● 填写表格和添加数字签名及注释，执行"创作说明，填写或签署表格栏"指令。

● 在"允许更改"菜单中使用列出的任何方法（删除页面除外）更改文档，执行"常规编辑、注释和表格栏创作"指令。

打印

指定 PDF 文档的打印品质

● 执行"不允许"指令，禁止用户打印文档。

● 以不超过 150 dpi 的分辨率打印文档。执行"低分辨率"指令，打印速度较慢，因每个页面都作为位图图像打印。

● 执行"完全允许"指令，以任何分辨率进行打印。

6 点按"好"。

以 Photoshop EPS 格式存储文件

大多数页面版式、文字处理和图形应用程序都接受EPS（压缩 PostScript）文件。打印 EPS 文件，必须使用 PostScript 打印机，因为非 PostScript 打印机将只打印屏幕分辨率预览。

图1-16 EPS格式存储文件

以 Photoshop EPS 格式存储文件的步骤

1 选取"文件"→"存储为"，然后从"格式"菜单中选取"Photoshop EPS"。

2 选择所需的选项，然后点按"好"按钮。

预览：先创建在目标应用程序中查看的低分辨率图像，之后选取"TIFF"在 Windows 和 Mac OS 系统之间共享 EPS 文件。

编码：确定将图像数据传输到 PostScript 输出设备的方式。

● 若想要从 Windows 系统打印，还是遭遇到打印错误或其他的难题，请选取 ASCII 或 ASCII85选项。

● 二进制产生更小的文件，能使原数据保持不变。然而一些页面排版应用程序以及一些商用后台打印软件和网络打印软件可能无法支持二进制 Photoshop EPS 文件。

● JPEG 用来压缩文件的原理，即是通过扔掉某些图像数据使档案缩减。可以选取从很小（JPEG 高品质）到很大（JPEG 低品质）的 JPEG 压缩量。

"包含半调网屏"和"包含传递函数"：这两种选项根据个人打印机的具体情况来做选择，可控制高端商用打印作业的打印规范。

透明白色：就是将白色区域显示成为透明的。该选项只适用于位图模式的图像。

PostScript 色彩管理：能将文件数据转换为符合打印机的色彩空间。选择该选项可能会破坏其色彩管理。 只有 PostScript Level 3 打印机支持 CMYK 图像的 PostScript 色彩管理。若要在 Level 2 打印机上使用 PostScript 色彩管理打印 CMYK 图像，则必须将图像转换为 Lab 模式之后再以 EPS 格式存储。

包含矢量数据：保留任何矢量图形。但EPS 和 DCS 文件中的矢量数据只能用于其他应用程序，在 Photoshop 中重新打开该文件时，矢量数据将被栅格化。

图像插值：消除低分辨率图像打印外观的锯齿化现象。

PHOTOSHOP全掌握

以 Photoshop DCS 格式存储文件

DCS（桌面分色）格式是 EPS 的一种版本，可以存储 CMYK 或多通道文件的分色。

1 选取"文件"→"存储为"，然后从"格式"菜单中选取"Photoshop DCS 1.0"或"Photoshop DCS 2.0"。

2 在"DCS 格式"对话框中，选择所需的选项，然后点按"好"按钮。

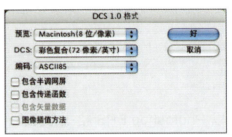

图1-17 DCS1.0格式存储文件

该对话框包括可用于 Photoshop EPS 文件的所有选项。此外，DCS 菜单提供创建 72 ppi 复合文件选项，可放置在页面版式应用程序中，或用于审校图像。

DCS 1.0 格式：能为 CMYK 图像中的每个颜色通道创建一个文件，也可以创建五个文件，一个灰度或是彩色的复合文件。若想要查看复合文件须全部存储在同一个文件夹之中。

DCS 2.0 格式：保留图像中的专色通道。可以将这些颜色通道存储为多个文件（如上面 DCS 1.0 中所叙述），也可以将其存储为单个文件。单文件选项不但节省磁盘空间，还能够包含一个灰度或彩色的复合文件。

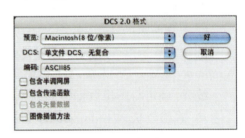

图1-18 DCS2.0格式存储文件

以 Photoshop Raw 格式存储文件

Photoshop Raw 格式是一种文件格式，主要用于应用程序与计算机平台之间相互传递图像。

图1-19 Raw格式存储文件

1 选取"文件"→"存储为"，然后从"格式"菜单中选取"Photoshop Raw"。

2 在"Photoshop Raw 选项"对话框中，执行下列操作：

* (Mac OS) 指定"文件类型"和"文件创建程序"，或者接受默认值。

* 指定"标题"参数。

* 选择按隔行顺序还是按非隔行顺序存储通道。

以 BMP 格式存储文件的步骤

BMP 格式是Windows 操作系统的图像格式，可以从黑白（每像素 1 字节）到最高 24 位色（1670 万种颜色）。

1 执行下列操作之一：

在 Photoshop 中，选取"文件"→"存储为"，然后从"格式"菜单中选取"BMP"。

在 ImageReady 中，选取"文件"→"导出"→"原始文档"，然后从"保存类型"(Windows) 或"格式"(Mac OS) 菜单中选取"BMP"。

2 指定文件名和位置，并点按"保存"。

3 在"BMP 选项"对话框中，选择一种文件格式，指定位深度，并根据需要选中"翻转行序"。

4 点按"好"。

以 Cineon 格式存储 16 位/通道文件 （Photoshop）

选取"文件"→"存储为"，然后从"格式"菜单中选取"Cineon"（ 以便在 Kodak Cineon Film System 中使用）。

以 GIF 格式存储文件

当使用"存储为"命令直接以 CompuServe GIF（称为 GIF）格式存储 RGB、索引颜色、灰度或位图模式的图像时，图像将自动转换为索引颜色模式。也能够使用"存储为 Web 所用格式"将图像存储为一个或多个 GIF 的文件。

以 GIF 格式存储文件的步骤

1 选取"文件"→"存储为"，然后从"格式"菜单中选取"CompuServe GIF"。

2 对于 RGB 图像，出现"索引颜色"对话框，指定转换选项，并点按"好"按钮。

3 为 GIF 文件选择行序并点按"好"按钮。

* 仅在下载完毕后才在浏览器中显示图像，点选"正常"指令。

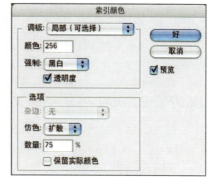

图1-20 GIF格式存储文件

* 在文件下载过程中，浏览器中显示图像的低分辨率版本，点选"交错"指令。虽然"交错"使下载时间显得较短，但是却会增大文件大小。

以 JPEG 格式存储文件

JPEG 格式通过有选择地扔掉数据来压缩文件大小。可使用"存储为"命令以

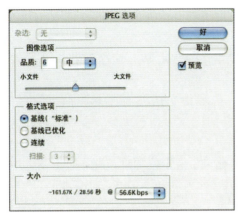

图1-21 JPEG格式存储文件

JPEG 格式存储 CMYK、RGB 和灰度图像。也可以使用"存储为 Web 所用格式"命令(Photoshop) 将图像存储为一个或多个 JPEG 文件。

以 JPEG 格式存储文件的步骤

1️⃣ 选取"文件"→"存储为",然后从"格式"菜单中选取"JPEG"。

2️⃣ 在"JPEG 选项"对话框中,选择所需的选项,然后点按"好"按钮。

杂边:倘若图像文件里包含透明度,请选择"杂边"颜色模拟背景透明的外观。

图像选项:从"品质"菜单中选取一个选项,或拖移"品质"弹出式滑块,也能够在"品质"文本框中直接输入 0~12 之间的一个值来完成调整。

格式选项:选择"基线('标准')"使用大部分 Web 浏览器都能识别的格式;欲获得优化的颜色和稍小的文件大小,可选择"基线已优化"指令;选择"连续"则可在图像下载过程中显示一系列的详细扫描(可自行指定次数)。并不是所有 Web 浏览器都支持"基线已优化"和"连续"的 JPEG 图像。

大小:选择调制解调器速度,即可查看预估的下载时间("大小"预览仅在选中"预览"时可用)。

注释

由于一些应用程序可能无法读取以 JPEG 格式存储的 CMYK 文件。另外,如果发现 Java 应用程序无法读取 JPEG 文件(任何的颜色模式),则不要将缩览图预览与此文件一起存储。

以 JPEG 2000 格式存储文件(*Photoshop 可选增效工具*)

JPEG 2000 增效工具可以在 Photoshop CS 安装 CD上的 Goodies/Optional PlugIns/Photoshop Only/File Formats 文件夹中找到。与标准 JPEG 2000 (JP2) 格式相比,该格式提供了一组扩展选项。不过,通过在"JPEG 2000"对话框中选择相应的选项,可以使文件与 JP2 兼容。

双色调、多通道或位图模式的图像不能以 JPEG 2000 格式存储。若要将这些文件存储为 JPEG 2000 格式,则必须先将它们转换为 RGB 颜色模式。

以 JPEG 2000 格式存储文件的步骤

1️⃣ 选取"文件"→"存储为",然后从"格式"菜单中选取"JPEG 2000"。

2️⃣ 指定文件名和位置,选择存储选项,然后点按"保存",这样就会打开"JPEG

2000"对话框。

注释

当选中"与 JP2 兼容"选项时，就会增加 JPF 文件的大小。请记住，JP2 查看器并不是支持 JPF 文件中存在的 ICC 配置文件和元数据所必需的，因此颜色逼真度和其他功能可能不会起到预期的作用。

3 可以选择在"文件大小"文本框中输入一个值，以设置已存储文件的目标大小。"品质"文本框中的值将会针对输入的文件大小来达到呈现最佳品质的调整。

4 执行下列操作之一，指定图像品质：

* 想在不损失图像品质的情况下压缩图像，选择"无损"指令，创建的文件会较大。

* 若是取消选择"无损"指令来创建较小的文件。品质值越大，图像品质越好，但相对文件大小也越大。

倘若图像品质与输入的目标文件大小有所抵触，则 Photoshop 将会自动更改"文件大小"文本框中的值。

5 选择"快速模式"以便更快速地达到预览图像或对图像进行编码的目的。但不会支持文件大小控制、连续优化和整型小波滤镜的损耗。

6 如果图像文件包含路径，并且希望能将路径信息一起存储在 JPEG 2000 文件中，可选取"包含元数据"指令。取消选择"包含元数据"和"包括颜色设置"选项，可以达到使图像文件变小的目的。

7 选中"包含透明度"指令，保留原始图像中存在的透明度。如果图像不包含透明度，则选项显示为灰色。

8 选中"与 JP2 兼容"，以创建可以支持JPEG 2000 (JP2) 的格式，但不支持扩展的 JPEG 2000 (JPF) 格式的查看软件中显示的文件。

9 点按"高级选项"按钮以设置下列选项：

兼容性：选取文件与其兼容的设备类型。就目前而言，仅支持常规设备（如 Web 浏览器）。

小波滤镜：为指定用于对文件进行编码的数字（系数）类型。"浮点"更加精确，但不能用于"无损"压缩。选中"无损"压缩选项会自动将"小波滤镜"选项设置为"整数"。想要在图像中实现总体一致的外观，"整数"通常是最佳选项。"浮点"的作用是锐化图像，但是会使图像在边缘周围损失一些品质。

拼贴大小：能选取在图像中使用的拼贴大小。当使用低品质值优化小于 1024×1024 像素的图像时，使用最大的拼贴大小可呈现较好的效果。

注释

对于大多数图像来说，1024 的拼贴大小是最合适的。创建小尺寸的文件应使用较小的拼贴大小。

元数据格式：选择要包含在图像文件中的元数据格式。JPEG 2000 XML 指的是 JPEG 2000 特定的 XML 数据，这个选项只有在图像文件包含这样的数据时才可用；而XMP 是"文件简介"数据；EXIF 则是数码相机数据。

颜色设置格式：能够选择要包含在图像文件中的"颜色设置格式"。"ICC 配置文件"选项包含在"存储为"对话框中指定的完整 ICC 配置文件，并且是默认选项；"受限制的 ICC 配置文件"选项则是用于便携设备（例如说手机和 PDA）；"受限制的 ICC 配置文件"必须位于 JP2 文件中。

10 从"顺序"菜单中选取"优化顺序"：

逐渐增大的缩览图：能够显示逐渐增大直至达到图像全大小的一系列小缩览图图像。

连续：能呈现一个图像，在数据变为可用时（例如，从 Web 流向浏览器时）可显示整个图像的逐渐清晰的各版本。但是并非所有应用程序和 JPEG 2000 查看软件都支持这样的图像，而且连续 JPEG 图像的文件大小会稍大，在查看时需要更多的RAM。

颜色：先使图像显示为灰度图像，之后再显示为颜色图像。

感兴趣区域：若是 Photoshop 文档包含一个或多个的 Alpha 通道，此时则可以选取一个 Alpha 通道来定义"感兴趣区域"。

当将 Alpha 通道作为"感兴趣区域"载入之后，即可选取一个"增强"值，以提高或降低"感兴趣区域"相对图像其余区域的品质。"增强"不会更改图像的文件大小，因此将降低 Alpha 通道外区域的品质，反之亦然。

倘若目前使用的 Photoshop 文档没有 Alpha 通道，则"感兴趣区域"和"增强"选项无法使用。还可以将图像存储为一个或多个 PNG 文件。

以 PNG 格式存储文件

1 选取"文件"→"存储为"，接着从"格式"菜单中选取"PNG"。

2 选择"交错"选项：

"无"：下载完毕后在浏览器中显示图像。

"交错"：下载时间变得较短，过程中浏览器里显示图像的低分辨率版本供检阅，但也会增大文件大小。

3 点按"好"。

以 Targa 格式存储文件

只要是具有 1 到 32 位颜色的任何尺寸的图像，Targa (TGA) 格式都能支持。它专门设计以用于 Truevision 的硬件，但是也能够在其他应用程序中使用。

以 TIFF 格式存储文件

　　TIFF格式能支持256色、24位真彩色、32位色、48位色等多种色彩位，也支持RGB、CMYK等色彩模式，几乎所有的绘画、图像编辑和页面排版应用程序都支持TIFF格式。

以 TIFF 格式存储文件的步骤

　　1 选取"文件"→"存储为"，然后从"格式"菜单中选取"TIFF"。

　　2 在"TIFF 选项"对话框中，选择所需的选项，接着点按"好"按钮。

　　图像压缩：在此能指定压缩复合图像数据的方法。

　　字节顺序：遇到不知道文件在哪种程序中打开的情况时，可选来读取文件的平台。

　　存储图像金字塔：能保留多分辨率的信息。Photoshop 不提供打开多分辨率文件的选项，文件中的图像都以最高分辨率的状态开启。

　　存储透明度：当在其他应用程序中打开文件时，可将透明度保留为附加 Alpha 通道。在 Photoshop 或 ImageReady 中重新打开时能保留完整透明度。

图1-22　tiff格式存储文件

　　图层压缩：可指定压缩图层像素数据（与复合数据相反）方法。在打开 TIFF 文件时将跳过该数据，因为有的应用程序无法读取图层数据。但 Photoshop 可以读取 TIFF 文件中的图层数据。

注释

　　如要让 Photoshop在存储多个图层的图像之前发出提示，在"预置"对话框的"文件处理"区域选择"存储分层的 TIFF 文件之前进行询问"选项。

以 ZoomView 格式导出图像

　　ZoomView 是一种通过 Web 提供高分辨率图像的格式。利用 Viewpoint Media Player，使用者可以放大或缩小图像，并全景扫描图像以查看它的不同部分。

以 ZoomView 格式导出图像的步骤

　　1 选取"文件"→"导出"→"ZoomView"。

　　2 设置下列选项，接着点按"好"按钮。

　　模板：指定用于MTX、HTML 和辅助文件的模板。可直接从弹出式菜单中选取一个模板，或者点按"载入"按钮选其他 ZoomView 模板 (ZVT) 文件。从 Viewpoint Web 下载其他模板。

输出位置：点按"文件夹"指定一个所要输出的位置。在"基本名称"中输一个新名称，为各文件指定一个通用名称。

广播许可文件的路径：能为广播许可文件指定一个URL。Viewpoint Corporation 要求 ZoomView 内容的所有发行商都必须取得广播许可。申请密钥点按"获取许可"选项。

图像拼贴选项：ZoomView只会载入高分辨率图像中欲观看的部分。选择"拼贴大小"可以控制每一个拼贴中的像素数。对于小图像，建议使用 128 的拼贴大小；大图像建议使用 256 的拼贴大小。

如果想要指定每一个拼贴图像的压缩量，请从"品质"菜单中选取一个选项，或者拖移"品质"弹出式滑块，也可在"品质"文本框中直接输入 0~12 之间的任一个值来指定。选择"优化表"创建文件大小较小的增强型 JPEG，取得最大文件压缩量。

浏览器选项：在此可指定 Viewpoint Media Player 中图像的宽度及高度。选择"在浏览器中预览"选项，点按"好"之后启动默认的 Web 浏览器，并载入生成的 HTML 文件。

关于文件格式

各种图形文件格式之间的相异处在于：表示图像数据的方式、压缩方法以及所支持的 Photoshop 功能。除了"大型文档格式"(PSB)、Photoshop Raw 和 TIFF 之外，所有文件格式只支持大小在 2 GB 之内的文档。

关于文件压缩

大部分文件格式都是用压缩的方式减小图像的文件大小，而无损方法可在不删除图像细节或颜色信息的情况下压缩文件；反之会删除细节。以下是常用的压缩方法：

RLE (行程长度编码)：无损压缩；受某些常用的 Windows 文件格式支持。

LZW (Lemple-Zif-Welch)：无损压缩；受 TIFF、PDF、GIF 和 PostScript 语言文件格式支持。对包含大面积单色区域的图像最有用，特别是平滑过渡的图像的图形，能呈现更好的压缩效果。

JPEG (联合图像专家组)：有损压缩；受 JPEG、TIFF、PDF 和 PostScript 语言文件格式支持。建议对连续色调图像(如照片)使用此压缩方法。JPEG 使用有损压缩，想要指定品质，请从"品质"菜单中选取一个选项，拖移"品质"弹出式滑块，或者在"品质"文本框中输入 0~12 (Photoshop)之间的任一个值。想获得最好的打印效果，就选取最佳品质压缩。JPEG 文件只能在 Level 2 (或更高)PostScript 打印机上打印，且不能分成单一独立的图版。

CCITT：专用于黑白图像的一系列无损压缩方法；受 PDF 和 PostScript 语言文件格式支持。(CCITT 是"国际电报和电报咨询委员会"的法语拼写International Telegraph and Telekeyed Consultive Committee的缩写。)

ZIP：无损压缩；受 PDF 和 TIFF 文件格式支持。与 LZW 一样，ZIP 对包含大面积单色区域的图像最有效。而它最大的优点就是普及度，以及在创建压缩文件时的速度较快。

PackBits (ImageReady)：此为使用行程长度压缩方案的无损压缩；但它仅受 ImageReady 中的 TIFF 文件格式支持。

Photoshop 格式 (PSD)：Photoshop 格式 (PSD) 是默认的文件格式，除大型文档格式 (PSB) 之外唯一支持大多数 Photoshop 功能的格式。由于 Adobe 产品之间是可以共通的，因此其他 Adobe 应用程序（如Illustrator、InDesign、Premiere、After Effects 和 GoLive）可直接导入 PSD 文件并完整保留许多 Photoshop 功能。

使与 Photoshop 的早期版本和其他应用程序的兼容性最高 (Photoshop)

1 执行下列操作之一：

* 在 Windows 中，选取"编辑"→"预置"→"文件处理"。

* 在 Mac OS 中，选取"Photoshop"→"预置"→"文件处理"。

2 从"最大兼容 PSD 文件"菜单中选取"总是"。这将与文档的图层一起存储复合（拼合）的图像。

若是文件大小为一个问题，或者想要在 Photoshop 中打开文件，则关闭"最大兼容 PSD 文件"可减小文件的大小。在"最大兼容 PSD 文件"菜单中，选取"询问"选项，以便在存储时提示是否使兼容性最高，或是选取"总不"即可在不使兼容性最高的情况下存储文档。

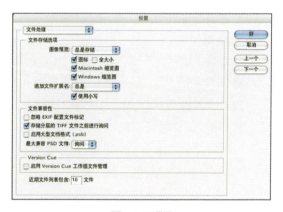

图1-23 预置

如果是使用 Photoshop 的早期版本来编辑或存储图像，则不支持的功能将被丢弃。当使用 Photoshop 的早期版本时，请记住下列功能：

● Photoshop CS 引入了嵌套图层、"实色混合"模式、"照片滤镜"调整图层、56 通道限制、路径上的文本、对超过 2GB 文件的支持、对宽度或高度超过 30 000 像素的文件的支持、非方形像素支持、16 位图层、16 位图案和 16 位画笔。

● Photoshop 7.0 引入了"线性加深"、"线性减淡"、"亮光"、"线性光"和"点光"混合模式以及"图层蒙版隐藏效果"和"矢量蒙版隐藏效果"高级混合选项。

● Photoshop 6.0 引入了图层组、图层颜色编码、图层剪贴路径、填充图层、图层样式、可编辑文字和高级文字格式化。Photoshop 6.0 还增加了新的图层效果。

● Photoshop 5.0 引入了图层效果，但不支持在更高的 Photoshop 版本中增加的效果。Photoshop 5.0 还引入了颜色取样器、专色通道和嵌入的 ICC 配置文件。

● Photoshop 4.0 引入了调整图层和参考线。

Photoshop CS 基本操作

设置工作画布的大小

"画布大小"可用于添加或移去现有图像周围的工作区。还可用于通过减小画布区域来裁切图像。如果图像背景是透明的，则添加的画布也将是透明的。在 ImageReady 中，添加的画布与背景的颜色或透明度相同。

使用"画布大小"命令

1 选取"图像"→"画布大小"。

2 执行下列操作之一：

* 在"宽度"和"高度"框中输入所需要的画布尺寸，或是自旁边的下拉菜单选择所需的度量单位。

* 选择"相对"并输入希望画布大小增加或减少（负数）的数量。

3 对于"锚点"，点按某个方块以指示现有图像在新画布上的位置。

4 可从"画布扩展颜色"菜单中选取一个选项：

* "前景"：用当前的前景颜色填充（见图1-24-2）。

* "背景"：用当前的背景颜色填充。

* "白色"、"黑色"或"灰色"：使用这几种颜色填充新画布。

* "其他"：另外用拾色器选择颜色。

注释

若是在图像不包含"背景"图层的情况下，则"画布扩展颜色"菜单无法使用。

5 点按"好"。

调整视图比例

可用多种方法放大或缩小视图。一般在窗口的标题栏中会显示出缩放百分比，在窗口底部的状态栏也会显示缩放百分比。基于显示器分辨率和图像分辨率相同，那么图像的 100% 视图所显示的成像会与它在浏览器中显示的一样。

放大

执行下列操作之一：

● 选择缩放工具。当指针变为一个中心带有加号的放大镜"放大"按钮时，点按要放大的区域。每点按一次，图像的百分比便放大至下一个预设数值，并以点按的点为中心显示。当图像到达最大放大级别 1600% 时，放大镜中的加号将消失。

● 点按选项栏中的"放大"按钮，即可放大至下一个预设百分比。

● 选取"视图"→"放大"将图像放大至下一个预设百分比。

图1-24-1 原来的画布

● 在窗口左下方的"缩放"文本框中直接输入所要放大级别的数值。

缩小

执行下列操作之一：

● 选择缩放工具。按住 Alt 键 (Windows) 或 Option 键 (Mac OS) 以启动缩小工具。此时指针会变为一个中心带有减号的放大镜"缩小"按钮。点按要缩小的图像区域的中心。每点按一次，视图的百分比便缩小到上一个预设数值。当文件到达最大缩小级别时，放大镜将显示为空。

● 点按选项栏中的"缩小"按钮，缩小至上一个预设百分比。

● 选取"视图"→"缩小"将图像缩小到上一个预设百分比。

● 在窗口左下方的"缩放"文本框中输入要缩小级别的数值。

通过拖移放大

1 选择缩放工具。

2 在图像中需要放大的部分上拖移。

缩放选框内的区域会按可能达到的最大

图1-24-2 使用前景颜色添加到图像右侧的画布

放大级别显示。要在 Photoshop 中围绕图片移动选框，请先拖移选框，然后按住空格键，同时并将选框拖移到新位置（见图1-25）。

按 100% 显示图像

执行下列操作之一：

● 点按两次缩放工具。

● 选取"视图"→"实际像素"。

将视图更改为满屏显示

执行下列操作之一：

● 点按两次抓手工具。

● 选取"视图"→"满画布显示"。

这些选项可调整缩放级别和窗口大小，使图像正好填满可用的屏幕空间。缩放选框内的区域会按可能达到的最大放大级别显示。要在 Photoshop 中围绕图片移动选框，请先拖移选框，然后按住空格键，同时并将选框拖移到新位置。

图1-25 拖移缩放工具以放大图像的视图

放大或缩小视图时自动调整窗口大小

在缩放工具处于现用状态时，选择选项栏内的"调整窗口大小以满屏显示"。如此一来，窗口就会在使用放大或缩小图像视图时调整大小。

如果没有选择"调整窗口大小以满屏显示"此默认设置，则无论怎样放大图像，窗口大小都会保持不变。若是当前使用的显示器比较小，或者是在拼贴视图中工作，这种方式会比较适用。

在使用键盘快捷键放大或缩小时自动调整窗口大小

1 执行下列操作之一：

* 在 Windows 中，选取"编辑"→"预置"→"常规"。

* 在 Mac OS 中，选取"Photoshop"→"预置"→"常规"。

2 选择"键盘缩放调整窗口大小"。

设置快捷键

Photoshop 为命令和工具提供了一组默认的键盘快捷键，可以根据自己的喜好自定键盘快捷键。此设定能为使用者节省反复选取指令的时间，相对可以提升工作效率。

定义新快捷键

1 选取"编辑"→"键盘快捷键"。

2 从"键盘快捷键"对话框顶部的"组合"菜单中选取一组快捷键。

3 从"快捷键用于"菜单中选取快捷键类型（"应用程序菜单"、"调板菜单"或"工具"）。

4 在滚动列表的"快捷键"列中，选择想要更改的快捷键。

5 键入新的快捷键指令。完成更改后，"组合"菜单中的名称将加上后缀（已修改）。

图1-26 设置快捷键

如果该键盘快捷键已分配给组中的另一个命令或工具，将出现警告提示。点按"接受"将快捷键分配给新的命令或工具，并删除以前分配的快捷键。重新分配快捷键后，也可以通过点按"还原更改"选像来还原更改，或点按"接受并转到冲突处"转到另一个命令或工具。

6 完成快捷键的更改后，请执行下列操作之一：

* 放弃所有更改并退出对话框，请点按"取消"。

* 放弃上一次存储的更改，但不关闭对话框，请点按"还原"。

* 将新的快捷键恢复为默认值，请点按"使用默认值"。

* 要导出所显示的一组快捷键，请点按"摘要"。

定义新的快捷键组

1 执行下列操作之一：

* 在开始更改快捷键之前点按"新建组"按钮，即可在更改默认快捷键之前创建新的组。

* 在完成快捷键的更改后点按"新建组合"按钮，即可新建一个包括所做任何修改的组。

2 若将快捷键存储为文件，在"名称"文本框中输入新组的名称，然后点按"保存"，新的键组将以新名称出现在弹出式菜单中。

清除命令或工具对应的快捷键

1 选取"编辑"→"键盘快捷键"。

2 在"键盘快捷键"对话框中，选择要删除其快捷键的命令或工具名称。

3 点按"删除快捷键"。

删除整组快捷键

1 选取"编辑"→"键盘快捷键"。

2 在"组合"弹出式菜单中，选取要删除的快捷键组。

3 点按"删除组合"按钮或"回收站"按钮，然后点按"好"退出该对话框。

第二章
图层的使用

图层的作用与类型

关于图层

在图层使用时，我们可以试着在不影响图像中其他图素的情况下，来有效地处理某一图素。可以将图层想象成是一张张叠起来的透明醋酸纸。若是图层上没有任何图像，就可以直接看到下方的图层。若是想更改图像的合成效果，可更改图层的属性与顺序。此外，在Photoshop的图层功能中还带有调整图层、填充图层和图层样式等特殊功能，使用者更可利用它们来创建出复杂且独具创新的专业效果。

图2-1 通过图层上的透明区域查看下方的图层状况

可以通过不同的方法将多个图层叠放在一起，适当的运用图层会让作品更完美。当然图层概念也是Adobe的关键卖点。

● "编组"用于对多个图层进行查看，并且将它们依照物理方式以单个对象形式处理。

● "组"基本上是用于向作为单个对象的多个图层分配属性。

● "链接"功能就像是将图层绑在一起，可以方便地将它们以单个对象来使用。若是使用新的文档，建议使用图层编组，不使用链接图层（ImageReady）。

普通图层

当开启Photoshop 或 ImageReady 的新图像时将会只显示一个图层。可依需要添加图像中的图层效果、附加图层和图层组的数目，只是它的运作受计算机内存的限制；若是计算机内存不足，其运作将会十分吃力。

背景图层

关于背景图层

在创建新图像时可以依照需要选择使用白色背景或彩色背景，而此时图层调板中最下面的图像就是背景。而在Photoshop中，一幅图像只有一个背景。不能更改背景的不透明度、混合模式或堆栈顺序。但是，在进行制作操作时，可以试着将背景转换为常规图层以便制作更加顺利。

当创建包含透明内容的新图像时，图像是无背景图层。最下方的图层也不像背景图层受到诸多限制，可以将它移到图层调板的任何位置，也可对其进行不透明度和混合模式的更改。

将背景转换为图层

1 在图层调板中双击"背景"或选择"图层"→"新建"→"背景图层"，设置图层选项。

2 点击"好"。

将图层转换为背景

1 在图层调板中选择图层。

2 选择"图层"→"新建"→"背景图层"指令。

注释

创建背景并不是将常规图层重新命名为"背景"，而是使用"背景图层"命令来实现。

图2-2 背景图层

图2-3 背景转换图层

图2-4 图层转换背景

图2-5 文本图层

图2-6 形状图层

文本图层

在Photoshop中创建文字时，其"图层"调板中会自行添加一个新的文字图层，可以选择所需创建文字形状的选框。

注释

由于"多通道"、"位图"或"索引颜色"模式在Photoshop 中无法支持图层，因此导致无法为这些模式中的图像创建文字图层。在这些图像模式中，文字是显示在背景上面的。所以要更改文字颜色与字体时，需回到文字图层选择它作更改。

形状图层

形状是在形状图层上绘制的。在 Photoshop 中，可以在一个形状图层上绘制多个形状，并指定重叠形状交互的方法。在 ImageReady 中，在一个图层中只能绘制一个形状。

形状会自动填充当前的前景色，但也可以很方便地将填充色更改为其他颜色、渐变或图案。形状的轮廓存储在链接到图层的矢量蒙版中。

调整图层和填充图层

调整图层可以对图像试用颜色和应用色调调整，而不会永久地修改图像中的像素。颜色和色调更改位于调整图层内，该图层像一层透明膜一样，下层图像图层可以通过它显示出来。请记住，调整图层会影响它下面的所有图层。这意味着可以通过单个调整来校正多个图层，而不是分别对每个图层进行调整。

注释

调整图层只能在 Photoshop 中应用和编辑，不过，在 ImageReady 中可以查看它们。

填充图层可以用纯色、渐变或图案填充图层。与调整图层不同，填充图层不影响它下面的图层。

样式图层

可以使用下面的一种或多种效果创建自定样式。

投影

在图层内容的后面添加阴影。

内阴影

紧靠在图层内容的边缘内添加阴影，使图层具有凹陷外观。

外发光和内发光

添加从图层内容的外边缘或内边缘发光的效果。

斜面和浮雕

对图层添加高光与暗调的各种组合。

光泽

在图层内部根据图层的形状应用阴影，通常都会创建出光滑的磨光效果。

颜色、渐变和图案叠加

对图层内单一对象作颜色、渐变或图案填充来改变其效果时，通过此功能则不需对图层对象再作选取动作，可直接更改图层对象内容。

描边

使用颜色、渐变或图案在当前图层上描画对象的轮廓。描边对于硬边形状（如：文字）特别有用。

图2-7 投影

图2-8 内阴影

图2-9 外发光和内发光

图2-10 斜面和浮雕

图2-11 光泽

图2-12 颜色、渐变和图案叠加

图2-13 描边

PHOTOSHOP全掌握

图层控制面板的使用

使用图层调板

　　对于Photoshop的使用者来说，图层调板的建立给予他们在制作上非常大的便利；通过图层调板列出图像中的所有图层、图层组和图层效果的状态，使用者可以使用上面的按钮完成许多动作。比如：创建、显示、隐藏、删除和拷贝图层等等。可以操作图层调板菜单和"图层"菜单上的其他命令和选项来完成动作。

显示图层调板

　　从菜单中选择"窗口"→"图层"。确定由停放位置移动调板以便启用调板菜单。

使用图层调板菜单

　　点击调板右上角的小三角形，则可显示调板菜单按钮。可以通过此处的指令调整处理图层的命令。

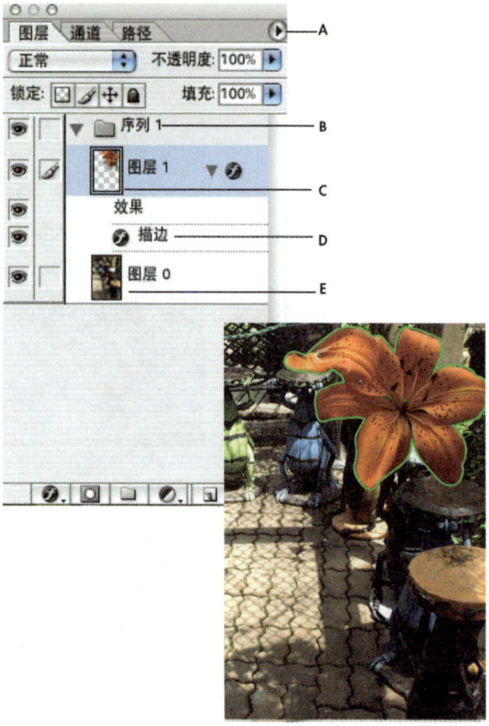

图2-14 Photoshop 图层调板

A.图层调板菜单 B.图层组 C. 图层缩览图

D. 图层效果 E. 图层

如何更改图层缩览图的大小

　　可从图层调板菜单中选择"调板选项"，并依需要来决定缩览图大小。

更改缩略图内容（ImageReady）

　　在"图层调板"菜单中选择"调板选项"，之后对"整个文件"进行选取以显示整个文件的内容。再选择"图层边界"便可以让缩略图限制在图层上对象的像素。如此操作将更方便在图层调板中进行查看。若是选取"显示图层编组缩览图"框便可显示编组的合成图像（而非编组的图示）。

提示

　　在使用期间为了节省显示器空间，用以提高整体性能，可以选择关闭缩览图。

展开和折叠图层组

　　可到图层组文件夹点击左边的小三角形。此时按住 Alt 键(Mac OS使用者请按住Option 键) 并点击三角形，便可以折叠应用或展开在图层组中所包含图层的所有

图2-15　折叠图层组

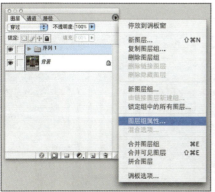

图2-16　重命名图层组

效果。

若要展开或折叠所有组（包括嵌套图层组）的情形，请按住Alt 键(Mac OS使用者请按住Option 键) 并点击三角形便可。

假设希望查看与选定组位于同一图层的所有组时，可以按住Ctrl 键(Mac OS使用者请按住Command 键)并且点击便可。

重新命名图层

在使用Photoshop时，由于图层使用非常便利，但是也由于打开过多图层，有时会导致无法分清现在执行的图层为哪一个，或是将图层添加到图像时也会分不清目标图层。此时若是根据图层的内容重新命名图层则会较方便管理与辨识；或是使用类似描述性的图层名称，便可以在图层调板中有效识别图层。

重命名图层或图层组

参考下列步骤之一：

● 在图层调板中，按 Alt 键(Mac OS使用者按 Option 键)并双击图层组名称。在

"名称"文本框内输入新名称,之后点击"好"。

● 在图层调板中,双击图层或图层组的名称,并且输入新的图层名称。

● 依需要选择图层或图层组,并且由"图层"或图层调板菜单中选择"图层属性"或是"图层组属性"功能,在"名称"文本框内输入新名称,并点击"好"。

另外,ImageReady 情况:先选择图层或图层组,再由"图层"菜单或图层调板菜单中选取"图层选项"或"图层组选项",之后在"名称"文本框内输入新名称,并点击"好"。

隐藏图层

在使用过程中,为了管理便利,建议使用图层调板来适时隐藏和显示图层,以及针对图层组和图层效果的内容做隐藏与显示。这样在操作接口上会更方便。也可以在图像中指定如何显示透明区域。

更改图层、图层组或图层效果的可视性

参考下列步骤之一:

● 在图层调板中,找到图层、图层组或图层效果旁的眼睛图示并点击它,这样便可以在文件窗口中隐藏它的内容。若是想重新显示内容,再次点击该列便可。

图2-17 更改图层组可视性

● 按住 Alt 键(Mac OS使用者按Option 键) 并点击眼睛图示部分,画面将只显示该图层或图层组的内容状况。这是利用Photoshop的程序特性,让它在隐藏所有图层之前记住其可视性状态,以便之后使用。若要恢复原来的可视性设置,按住 Alt/Option 键,然后在眼睛列中再次点击便可。

● 直接在眼睛列中拖移,便可改变图层调板中多个项目的可视性状况。

注释

若此时要进行打印动作,只能打印可视图层。

图2-18　更改透明度显示

如何更改透明度的显示

1　选择"编辑"→"预置"→"透明度与色域"（Mac OS使用者则选择"Photoshop"→"预置"→"透明度与色域"）。

另外ImageReady的情况：在Windows状态下，选择"编辑"→"预置"→"透明度"；Mac OS使用者则选取"ImageReady"→"预置"→"透明度"。

2　选择透明度棋盘的颜色与大小，或者是对"网格大小"选择"无"的指令，这样可以隐藏透明度棋盘。

3　选择"使用视频 Alpha"，可以让 Photoshop 将透明度的信息传送到计算机的视频卡。由于该选项需要硬件的支持，所以计算机的视频卡必须要允许在活动视频信号上叠加图像。

4　点击"好"。

移动、复制与删除图层

选择图层

在使用过程中打开图层调板会发现已建立多个图层的图像，此时必须选取要处理的图层。因为在Photoshop的图层功能中，对图像所做的任何更改都只影响当前所使用图层，所以若没选择到正确图层则所有动作将白费。可通过选择图层的动作来使其成为现用图层。但是在 Photoshop 中，一次只能选择一个图层。然后所选择的图层名称会显示在文件窗口的标题栏中，并且该图层旁边会显现画笔图示，便可以在图层调板中使用移动工具来选择所需图层。

提示

若在使用工具或应用命令时未看到期待的结果，意味着可能是因为没有选择到正确的图层。此时请再检查图层调板，以确定使用中的是所需图层。

在图层调板中选择图层

参考下列步骤：

● 直接在图层调板中点击图层。

ImageReady的情况则选择如下步骤进行：若是要选择多个连续图层时，按住 Shift 键点击。若要选择多个单独图层，可在图层调板中按住 Ctrl 键点击（Mac OS使用者则按住 Command 键点击）。

● 可从"图层调板"菜单中选取"选择链接图层"，来选择链接图层。

图2-19 图层调板中选择

直接在文件窗口中选择图层

1 选择移动工具图标。

2 参考下列步骤之一：

* 在选项栏中选择"自动选择图层"，并且在文档中点击要选择的图层内容。将选择光标下包含像素的最上面的图层。

* 在图像中点击右键（Mac OS使用者则按住Control键点击），再从关联菜单中选取图层。关联菜

图2-20 直接在文件窗口中选择图层

单会列出所有包含当前指针位置下的像素的图层。

ImageReady的情况则选择如下步骤：

* 在选项栏中选取图层选择工具，然后在文档中点击单个图层选择它；若在编组中点击则可选择整个编组；或者是由图层组中点击某个图层，便可以只选择该目标图层。但是要注意的是，若图层已被锁定，便无法使用该工具选择。

* 或是在选项栏中直接选择工具。在文档中点击编组中的某个图层，就可以选择此目标图层。

从组中选择图层

1 在图层调板中点击图层组。

2 若要开启图层组，可参考下列步骤之一：

* 点击文件夹图标，显示左侧的三角形。

图2-21 从组中选择图层

* 按住 Control 键并点击 （Mac OS使用者则按住Command键点击）文件夹左侧的三角形，然后在弹出式菜单中选取"打开此图层组"。

另外也可以选择"打开其他图层组"来开启选定图层组以外的图层组。

3 点击组中的单个图层。

复制图层

在Photoshop使用过程中，适时的复制图层将会给工作带来便利。因为它可以使原始图档在保有备份的状态下进行作业，若是制作结果不满意，可直接删掉复制的图层。要注意的是，当在图像间复制图层时，若是图层拷贝到分辨率不同的图文件，图层的内容将因此出现比原图档更大或更小的状况。

在图像内复制图层或图层组

1 先在图层调板中选择目标的图层或图层组。

2 参考下列步骤之一：

* 直接将图层或图层组拖移到"新建图层"按钮 。

* 可在"图层"菜单或图层调板菜单中选择"复制图层"或"复制图层组"，输入图层或图层组名称，点击"好"按钮便可。

*按住 Alt 键 (Mac OS使用者按住 Option 键)，并将图层或图层组拖移到"新建图层"按钮或"新建图层组"按钮。输入图层或图层组的名称，并点击"好"。

图2-22 在图像中复制图层组

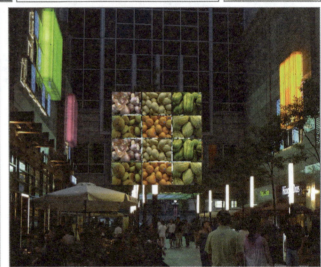

图2-23 图像之间复制图层

在图像之间复制图层或图层组

1 开启源图像以及目标图像。

2 在源图像的图层调板中,进行图层或图层组选择。

3 参考下列步骤之一:

* 可以将图层或图层组由图层调板拖移到目标图像中。

* 选择菜单中的"选择"→"全部",然后选择图层上的全部像素,再选择"编辑"→"拷贝",接着在目标图像中选择"编辑"→"粘贴"。

*在"图层"菜单或图层调板菜单中选择"复制图层"或"复制图层组",再从"文件"弹出式菜单中选取确定目标的文件,点击"好"。

　　* 选择移动工具，然后由源图像拖移到目标图像。此时在目标图像的图层调板中，复制的图层或是图层组则会显示在现用图层的上方，接着按住 Shift 键并拖移，就可以将图像内容固定于它在源图像中占据的相同位置或者定位在文件窗口的中心部分（源图像和目标图像具有相同的像素大小）。

在图层或图层组中创建新文档

　　1 从图层调板中选择图层或图层组。

　　2 在"图层"菜单或是图层调板菜单中选取"复制图层"或"复制图层组"。

　　3 再从"文档"弹出式菜单中选取"新建"，点击"好"。

图2-24 在图层中创建新文档

删除图层

　　此动作是让使用者删除不再需要的图层，可减小图像文件的大小，以降低软件运作时对内存的需求。

删除图层或图层组

　　1 从图层调板中选择图层或图层组（ImageReady 的情况则可以选择多个图层）。

　　2 参考下列步骤之一：

　　* 若是不需要先经过确认，想直接删除图层或图层组时，可将图层或图层组直接拖移到"回收站"按钮；或者按住 Alt 键(Mac OS使用者按住Option 键)并点击"回收站"按钮。

　　* 若必须经过确认再删除图层或图层组，可点击"回收站"按钮；或可直接从"图层"菜单或图层调板菜单中选择"删除图层"或"删除图层组"指令。

删除链接图层

　　参考下列步骤之一：

　　* 若是不需要先经过确认便可直接删除的链接图层，可按住 Ctrl + Alt 组合键（Mac OS使用者按住 Command + Option 组合键）并点击"回收站"按钮。

图2-25 删除图层

　　* 若是需要经过确认，才能再删除的链接图层，可从"图层"菜单或图层调板菜单中选取"删除链接图层"。或者按住 Ctrl 键（Mac OS使用者按住Command 键) 并点击"回收站"按钮。

删除隐藏图层

　　可从"图层"菜单或图层调板菜单中选取"删除隐藏图层"命令进行删除动作。

新建图层文件夹

创建新图层和图层组

　　图层的使用就像是在不断展开的新的画纸上面绘画（只是此画纸是透明的），通过此功能可以不断创建新的空白图层，然后向其中添加内容，也可以利用现有的内容来创建新的图层以方便作业。当在创建新图层时，它会显示在图层调板中所选图层的上面或所选图层组内。

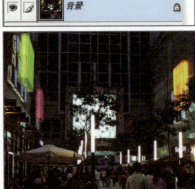

图2-26 删除链接图层

图2-27　删除隐藏图层

使用默认选项创建新图层或图层组

点击图层调板中的"新建图层"按钮或"新建图层组"按钮。

创建新图层或图层组，并指定选项

1 参考下列步骤之一：

* 按住 Alt 键（Mac OS使用者按住Option 键) 并点击图层调板中的"新建图层"按钮或是"新建图层组"铵钮。

* 选择菜单中"图层"→"新建"→"图层"，或者选取"图层"→"新建"→"图层组"指令。

* 按住 Ctrl 键（Mac OS使用者按住Command 键)，再点击图层调板中的"新建图层"按钮或是"新建图层组"按钮，然后在当前选中的图层下添加图层。

* 直接从图层调板菜单中选择"新建图层"或"新建图层组"。

2 设置图层选项，点击"好"。

图层选项包括如下几项：

* "名称"：意指用户所指定图层或图层组的名称。

* "使用下面的图层"：表示可创建剪贴蒙版（但此选项对于图层组无法使用）。

* "颜色"：可为图层或图层组指定颜色，以方便辨识管理。

* "模式"：用于为图层或图层组指定混合模式。

* "填充模式中性色"：可以用预设的中性色来填充图层。

* "不透明度"：可为图层或图层组指定不透明度。

创建与现有图层具有相同效果的新图层（ImageReady）

1 可在图层调板中选择现有图层。

2 将该图层拖移到图层调板底部的"新建图层"按钮。新创建的图层就会包含现有图层的所有效果。

拷贝图层组

将现有的图层组拖移到"新建图层"按钮便可。

将选区转换为新图层

1 先建立选区。

2 操作下列步骤之一：

* 可以选择菜单中"图层"→"新建"→"通过拷贝的图层"，将选区拷贝到新的图层中。

* 选择"图层"→"新建"→"通过剪切的图层"，针对目标选区进行剪切并将其粘贴到新的图层中。

由链接图层组成的图层组

可选择菜单中"图层"→"新建"→"由链接图层组成的图层组"。

向某个图层组中添加新图层或现有图层

操作下列步骤之一：

● 可以直接将图层拖移到该图层组文件夹中。

● 或是将该图层组文件夹拖移至另一个图层组文件夹中，这样该图层组及它的所有图层都会移动。

● 在图层调板中选择图层组，然后点击新图层按钮。

嵌套图层组

可将现有的图层组拖移到"新建图层组"按钮，便能达成嵌套目的。

链接图层

将两个或更多的图层或图层组链接起来，就可以更方便地对其内容进行同时移动了，而省去单个调节的时间。而且在链接的图层中，还可以对其进行对齐、合并、拷贝、粘贴、创建剪贴蒙版和应用变换等动作，这是非常方便的功能。另外在 ImageReady 中，处理多个图层选区会比处理链接更灵活，且能够提供所有的链接功能，但是为了提供向后兼容性，便仍保留其链接选项。

图2-28 嵌套图层组

链接图层

1 可从图层调板中选择"图层"或"图层组"。

2 点击靠在需链接到所选图层的任何图层左列,该列中便会出现链接图标。

链接选定图层(ImageReady):

可从"图层调板"菜单中选取"链接图层"。

取消链接图层:

在图层调板中点击链接图标便可解除链接。

图2-29 链接图层

锁定图层

使用者可以通过此功能来全部或部分地锁定图层,以保护其内容不会遭到意外的变动。比如,想要在完成某个图层时完全锁定它以免再变更,而另一个图层可能具有正确的样式与效果,只是其位置还尚未确定,此时便可使图层保持部分锁定状态。一旦图层被锁定后,图层名称的右边会显示一个锁头图标。当图层完全锁定时,锁头图标呈实心状态;若是当图层只有部分被锁定时,锁头图标是以空心状态表示。

锁定图层或图层组的全部属性

1 对图层或图层组进行选择。

2 参考下列操作之一：

* 可以在图层调板中点击"全部锁定"选项。

* ImageReady的情况：从图层调板菜单中选择"图层选项"，然后选择"全部锁定"选项。

注释

当锁定图示呈灰色状态时，表示锁定的图层组中有图层应用了个别锁定选项。

图2-30 锁定图层组全部属性

部分锁定图层

1 首先选择图层。

2 接着在图层调板中点击一个或多个锁定选项（若是在 ImageReady 中，可以从图层调板菜单中选取"图层选项"）。

选择一个或多个锁定选项

● 若要防止使用绘画工具来修改图层的像素，可以选择"锁定图像"按钮。

● 若希望将编辑操作限制在图层的不透明部分，可以选择"锁定透明区域"按钮（此选项与 Photoshop 早期版本中的"保留透明区域"选项等效）。

● 或是为了防止移动图层的像素，也可使用"锁定位置"按钮。

注释

若是文字图层的状况，在默认情况下"锁定透明区域"和"锁定图像"会选中状态，且无法取消选择。

对图层组中的所有链接图层或所有图层应用锁定选项

1 选择希望进行链接的图层或图层组。

2 从"图层"菜单或图层调板菜单中选择"锁定组中的所有图层"或"锁定所有链接图层"的指令。

3 选择锁定选项，然后点击"好"。

合并图层

当使用者在确定了图层的内容后，可以对图层进行合并来创建复合图像的局部版本。因为文件过大时会影响内存的运转速度，相对影响作业过程。合并图层将有助于图

像文件大小的管理。当图层合并时，较高图层上的数据会替换它所覆盖的较低图层上的数据，而在合并后的图层中，所有透明区域的交叠部分都会保持透明，这对使用者来说是非常易于辨识的。

图2-31 合并两个图层前后的对比

注释

不能将调整图层或填充图层用作合并的目标图层。

除了合并图层外，还可以使用盖印图层功能。盖印可以将多个图层的内容合并为一个目标图层，且同时使其他图层保持完好，这便于需要时可再次使用原图层。一般情况下，所选的图层将会向下盖印其下方的图层。

注释

当存储合并文档时，要注意一旦进行合并便无法恢复到未合并时的状态，因为图层的合并属于永久行为。

图2-32 合并两个图层

合并两个图层或图层组

1 首先确保两个项目的可视性都已经启用, 然后在图层调板中把要合并的图层或图层组并排放置。

2 选择这对项目中上方的那个对象。

3 参考下列操作之一:

* 若是上面的项目为图层组, 则从"图层"菜单或"图层调板"菜单中选择"合并图层组"指令。

* 若上面的项目为图层, 可从"图层"菜单或"图层调板"菜单中选取"向下合并"指令进行合并。

在剪贴蒙版中合并图层

1 将所有不需合并的图层隐藏起来。

2 再选择组中的基底图层。

3 再从"图层"菜单或"图层调板"菜单中选取"合并剪贴蒙版"进行合并。

合并所有可见的链接图层

从图层调板或图层调板菜单中直接选取"合并链接图层"指令。

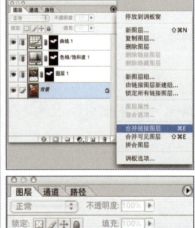

图2-33 合并链接图层

合并图像中的所有可见图层和图层组

可从图层调板或图层调板菜单中选择"合并可见图层"进行合并。

图2-34 合并可见图层

盖印图层

1 选定好要盖印的图层, 将其放置在要

从中盖印的图层上面(要确保两个项目的可视性都已启用。)

2 选择此项目中上方的对象。

3 同时按住 Ctrl+Alt+E 组合键(Mac OS使用者按Command+Option+E 组合键)。

选中的图层由下方图层显示盖印结果。

给链接的图层盖印

选择好目标链接图层,并按 Ctrl+Alt+E 组合键(Mac OS使用者按 Command+Option+E 组合键)。被选中的图层便会用其他链接图层中的内容来盖印。

给所有能够看到的图层盖印

可选择要包含的新内容图层或是图层组,然后按 Shift+Ctrl+Alt+E 组合键(Mac OS使用者按Shift+Command+Option+E 组合键)便可。

也可以按住 Alt 键(Mac OS使用者按Option 键),选取"图层"→"合并可见图层"。要注意的是,修改后的"合并"命令会将所有可见数据全部都合并到当前的目标图层中。

图2-35 删除隐藏图层

图2-36 拼合图层

拼合所有图层

在拼合图像中,所有可见图层都将合并到背景中,因此会有效降低文件大小。在进行拼合图像时,会提示是否要扔掉所有隐藏的图层(因为合并时,隐藏图层是会被扔掉的),并且之后会使用白色填充剩下的透明区域。所以在多数情况下,直到编辑完各图层之后,才会做出拼合文件的动作。

注释

进行合并时某些颜色模式间会因此而转换,若是要在转换后编辑原图像,请记住要存储包含所有图层文件的拷贝以防万一。

拼合图像

1 确认看到所有需要保留的图层。

2 选择菜单中"图层"→"拼合图像",或是从"图层调板"菜单中选取"拼合图像"指令。

填充图层

使用填充图层指令时,就像是在一张画纸上填色,只是可以分别以纯色、渐变或图案来填充图层,以制造画面的多元性。

 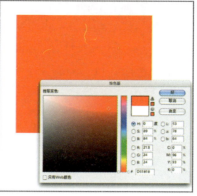 

图2-37 纯色

纯色

可从色版中指定所希望的颜色填充（填充进去的颜色均为位图状态）。

渐变

点击渐变工具来显示"渐变编辑器"；或是点击倒箭头，并从弹出式调板中选取渐变功能；或是再依所需设置其他选项：

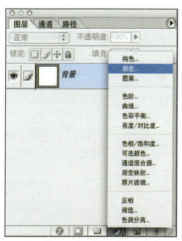

"缩放"：由此更改渐变的大小。

"仿色"：通过对渐变应用仿色减少带宽。

"反向"：可用于翻转渐变方向。

"样式"：可从此指定渐变的形状。

"角度"：可指定应用渐变时所使用的角度。

"与图层对齐"使用图层的定界框计算渐变填充，也可利用鼠标在图像窗口中点击并拖移，来移动渐变中心。

图2-38 渐变

图案

　　直接点击图案，再从弹出式调板中选取所需图案。然后点击"缩放"并输入理想数值，或者拖移滑块来缩放图案。

　　点击"贴紧原点"，使用文件窗口的原点定位图案的原点，再选择"与图层链接"，便可轻松指定图案在重新定位时与填充图层一起移动。另外，选择"与图层链接"后，当"图案填充"对话框打开时，可以在图像中拖移来定位所选图案。

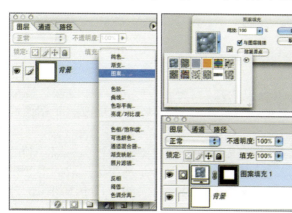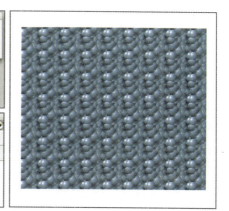

图2-39 图案

不透明度

设置图层不透明度

　　有效地使用图层的不透明度，将会让图层使用更为便捷。由于它可以遮蔽或显示其下图层，所以当不透明度为 1% 时，图层几乎显得是透明的，可以迅速地看到下方图层的状态；当透明度为 100% 时，图层将显现完全不透明状态。有时在不透明度上进行变化，将会给作品带来意想不到的效果。

指定图层或图层组的不透明度

　　■ 在图层调板中对图层或图层组进行选择。

注释

　　在图层显示为背景图层或锁定状态时，它的不透明度是无法更改的，此时可以通过将背景图层转换的动作，将其改为支持透明度的常规图层来使用。

　　■ 参考下列操作之一：

　　* 选择移动工具，直接在目标图层的不透明度百分比上键入数值。

　　* 在菜单中选取"图层"→"图层样式"→"混合选项"，然后在"不透明度"文本框中输入数值；或是利用鼠标拖移"不透明度"弹出式滑块进行更改。

　　* 可在图层调板的"不透明度"文本框中输入想要的数值；或是拖移"不透明度"弹出式滑块来更改。

混合模式

选取混合模式

Photoshop图层中的另一独特功能便

图2-40 选取

是图层混合模式的调整变化。使用者可以通过此功能来决定其像素与图像中的下层像素如何混合，以便创建各种特殊效果。

　　一般来说在默认情况下，图层组的混合模式是以"穿透"形式存在，意味着图层组没有自己的混合属性。为图层组选取其他混合模式时，便可顺利地更改整个图像的合成顺序。

　　首先可以合成图层组中的所有图层，然后合成后的图层组则会被视为一幅单独的图像，并利用所选择的混合模式继续与其余图像混合。所以若是图层组选取的混合模式不是"穿透"模式，图层组中的调整图层或图层混合模式将无法应用于图层组的外部图层上。

注释

　　在图层中并无"清除"混合模式。另外像是Lab 图像则无法使用"变暗"、"变亮"、"差值"、"颜色减淡"、"颜色加深"和"排除"等模式。

为图层或图层组指定混合模式

　　1 先在图层调板中选择好目标图层或图层组。

　　2 进行混合模式的选择：

　　* 选择"图层"→"图层样式"→"混合选项"，再从"混合模式"弹出式菜单中选取所需的选项。

　　* 从图层调板中的"混合模式"的弹出式菜单中选取选项。

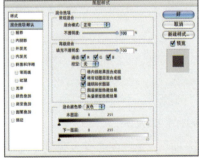

图2-41 为图层指定混合模式

图2-42 带样式的图层图标

图层样式

使用图层效果和样式

　　通过图层样式的使用,可以让使用者针对图层内容做出应用效果。也可以运用各种预定义的图层样式,再通过点击鼠标便可轻松应用样式,达到作品的不同效果与多元性的变化,更可以通过对图层应用多种效果创建自定样式来增加作品的原创性。

关于图层效果和样式

　　在 Photoshop 和 ImageReady 中提供发光、暗调、叠加、斜面和描边等各种样式的效果,若充分利用这些效果,便可迅速改变图层内容的外观。

　　若图层效果与图层内容链接,这样在移动或编辑图层内容时,图层内容将会呼应修改,比如对文本图层使用投影效果,在编辑文本时就会自动更改投影效果。

　　在使用图层效果与样式时,应用于图层的效果会变成图层自定样式的一部分,当图层具有样式时,在图层调板的该图层名称右边会出现"f"图标按钮,这表示可在图层调板中展开样式来查看组成样式的所有效果和编辑效果。

　　甚至也可以存储自定样式,当该样式成为预设样式时会出现在样式调板中,然后只要通过点击鼠标便可以应用。而且Photoshop 与ImageReady 均提供了各种预设样式来满足使用者广泛的用途。

注释

　　针对锁定的图层、背景或是图层组是无法应用图层效果和样式的。

添加图层样式

创建自定样式

使用者可以通过下面的一种或多种效果创建自定样式

　　投影:即是在图层内容的后面添加阴影效果,以增添对象立体感。

　　内阴影:添加阴影的方式是紧靠在图层内容的边缘内,使图层具有独特的凹陷外观。

　　外发光和内发光:添加图层对象的外边缘或内边缘发光的效果。

斜面和浮雕：这是对图层添加高光与暗调的各种组合，以期达到另一种真实的立体感。

光泽：可在图层内部根据图层的形状应用阴影，通常会创建出光滑的磨光效果。

颜色、渐变和图案叠加：使用颜色、渐变或图案填充图层内容。

描边：可灵活使用颜色、渐变或图案在当前图层上描画对象的轮廓，特别是对于像文字类硬边形状对象有效。

对图层应用自定样式

1️⃣ 参考下列操作步骤之一：

* 可从"样式"→"图层样式"菜单中选取效果。

* 点击图层调板中的"图层样式"按钮，然后从列表中选取效果。

2️⃣ 接着在"图层样式"对话框中设置所需的效果选项。

3️⃣ 若向样式中添加其他效果，请执行以下操作之一：

* 重复步骤1 和 2。

* 在"图层样式"对话框中选择其他效果，然后点击位于效果名称左边的复选框，这样可以添加效果但是不选择它。

历史记录控制面板的使用

在Photoshop的使用中，"历史记录"的有效运用可让使用者不至于担心操作失误。通过调板操作可以将图像恢复到前面的状态，甚至已删除的图像也可恢复，更可以根据一个处理状态来创建快照与文档。

Photoshop 历史记录调板的插图，标注如图2-43：A. 为历史记录画笔设置源， B. 快照缩览图 ，C. 历史记录状态 ，D. 历史记录状态滑块。

显示历史记录调板

由菜单中选取"窗口"→"历史记录"，或者点击"历史记录"调板选项卡。

恢复到图像的前一个状态

可参考下列任一步骤：

● 可试着将该状态左边的"历史记录状态"滑块图标向上或向下拖移到另一个状态。

●从调板菜单或是"编辑"菜单中选择"向前"或"返回"指令，便可移动到下一个或前一个状态。

● 直接点击状态的名称。

图2-43 Photoshop 历史记录调板的插图

A. 为历史记录画笔设置源　B. 快照缩览图
C.历史记录状态　D. 历史记录状态滑块

删除图像的一个或多个状态

可参考下列任一步骤：

● 从调板菜单中选取"清除历史记录"，再从历史记录调板中删除状态列表但不更改图像。这样操作不会减少 Photoshop 所使用的内存量。

图2-44　删除图像一个状态

● 可以点击状态的名称，从历史记录调板菜单中选取"删除"指令，用以删除此项更改以及之后的更改。

● 将状态直接拖移到"回收站"按钮来删除此更改及随后的更改。

图2-45　删除图像多个状态

● 按住 Alt 键(Mac OS使用者按住 Option 键)，再从调板菜单中选取"清除历史记录"选项，便可从历史记录调板中清除状态列表，但不更改图像。若收到 Photoshop 发出内存不足的信息，清除这些状态将会有所帮助，因为该命令将从还原缓冲区中删除这些状态以便释放内存。但是无法还原"清除历史记录"命令。

● 可选取"编辑"→"清理"→"历史记录"，将所有开启文档的状态列表从历史记录调板中直接清除，但是将无法还原此动作。

根据图像的所选状态或快照创建新文档

可参考下列任一步骤：

● 选择好状态或快照，点击"新文件"按钮。

● 可将状态或快照直接拖移到"新文件"按钮上。

● 选择快照或状态，从历史记录调板菜单中选取"新文档"便可。

此时新创建文件的历史记录列表将表示为空的。

提示

若是希望存储一个或多个快照或图像状态以方便以后的编辑，可以存储每个状态来创建一个新文档，然后将新文档作为单独的文档存储。当重新开启原始文档时，请记得同时开启其他存储的文档，这时可以将每个文档的初始快照拖移到原图像。这样就可以通过原图像的历史记录调板再次访问该快照。

用所选状态替换现有文档

直接将该状态拖移到文档上。

设置历史记录选项

历史记录选项是可以按照使用者的习惯与要求来设置,通过历史记录调板内所包含的项目数的多少来决定,并且可以设置其他选项来自定调板方式。

设置历史记录选项的步骤

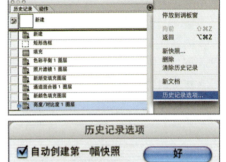

1 从"历史记录"调板菜单中选取"历史记录选项"。

2 执行下列任一选项:

* "自动创建第一幅快照"项目:可以在使用者打开文件时自动创建图像初始状态的快照。

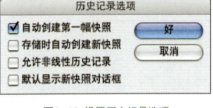

* "允许非线性历史记录":则可以更改所选状态,但又不删除其后面的状态。一般来说,当选择一个状态且更改图像时,当时所选状态后的所有状态都将被删除,这动作可使历史记录调板按照操作顺序来显示编辑步骤。通过这种以非线性方式记录状态,便可以选择某个状态,更改图像且只删除该状态,并且更改将附加到列表的最后。

图2-46 设置历史纪录选项

* "默认显示新快照对话框":意味强制 Photoshop 显示所提供的快照名称,就算是使用调板上的按钮也会如此显示。

* "存储时自动创建新快照":可以在每次存储时形成一个快照。

创建图像的快照

在使用过程中,使用者想对当前状况做一记录,以便之后的动作失败时可恢复原来进行的状态,此时利用"快照"命令便可以创建图像的任何状态的临时拷贝(或快照)。如此创建的新快照将添加到历史记录调板顶部的快照列表中,选择一个快照便可以从图像的那个版本开始工作。

这样看来快照与历史记录调板中列出的状态似乎有类似之处,但其实它们仍具有其他优点:

● 使用者可依需要,在整个工作会话过程中随时存储快照。

● 可以给快照命名,这使它更易于识别。

● 容易比较效果:比如可以在对象应用滤镜前后创建快照,然后选择第一个快

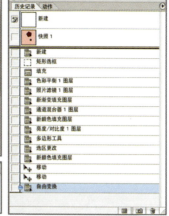

照，再尝试在不同的设置情况下应用同一个滤镜，在各快照之间做出切换，这样来找出所希望的设置。

● 利用快照可以很容易恢复使用者的工作。可以在尝试使用较复杂的技术或应用一个动作前，先创建一个快照。若是对此结果不满意，则可以通过选择该快照来还原所有步骤。

图2-47 创建图像快照

重点

无论在作业时创建多少快照，它将不随图像存储，关闭图像时就会删除其快照。另外，除非使用者选择了"允许非线性历史记录"选项，不然选择一个快照后再更改图像，将会删除历史记录调板中当前列出的所有状态。

创建快照

1 选择当前一个状态。

2 若要自动创建快照，可以点击"历史记录"调板上的"新快照"按钮 ；若选择历史记录选项内的"存储时自动创建新快照"时，则可以从"历史记录"调板菜单中选择"新快照"。

3 要想在创建快照时设置选项，可从历史记录调板菜单中选取"新快照"，或按住 Alt 键(Mac OS使用者按住 Option 键) 并点击"新快照"。

4 在"名称"文本框中输入快照的名称。

5 针对"自(F)"，选择快照内容：

* "合并的图层"：意味可创建图像在该状态时的所有合并图层的快照。

* "当前图层"：表示只创建该状态目前所选图层的快照。

* "全文档"：表示可创建图像在该状态时的所有图层的快照。

选择快照

参考下列任一操作步骤：

● 可将位于快照左方的滑块向上或向下拖移到不同的快照。

● 直接点击快照的名称。

重新命名快照

双击快照,然后输入名称。

删除快照

参考下列任一操作步骤:

● 选择目标快照,点击"回收站"按钮 。

● 直接将快照拖移到"回收站"按钮。

● 选择目标快照,然后从调板菜单中选取"删除"指令。

图2-48 重命名快照

图2-49 删除快照

用图像的状态或快照绘画

历史记录画笔工具的便利之处在于,可以通过它,将图像的一个状态或快照的拷贝绘制到当前的图像窗口中,然后用该工具创建图像的拷贝或样本来绘画。

比如,使用者可对所使用的绘画工具或是滤镜效果所做的更改创建快照(创建快照时要选择"全文档"选项),对图像进行还原更改后,可以使用历史记录画笔工具,将更改应用到图像区域。除非选择了合并的快照,不然此工具将从所选状态的图层绘制到另一状态的同一图层。

历史记录画笔工具会对快照或状态进行拷贝,但这只限于在相同位置的拷贝。若灵活使用Photoshop,也可以用历史记录艺术画笔来绘画,以创建特殊效果。

用图像的状态或快照绘画的步骤

1️⃣ 先选择好历史记录画笔工具。

2️⃣ 在选项栏中执行下列操作之一:

* 选取画笔和设置画笔选项。

* 指定不透明度与混合模式。

3️⃣ 于"历史记录"调板内点击位于状态或快照左边的列,以便将其用作历史记录画笔工具的源。

4 进行拖移动作以使用历史记录画笔工具绘画。

使用编辑历史记录

使用历史记录的另一便利之处，是在于可以通过编辑历史记录来保留对图像所做操作的文字记录。因为在某些情况下，或许需要详细记录在 Photoshop 中对一个文档所做的操作（无论是出于个人记录、客户记录的需要还是法律上的需要）。若能适时保存这些记录将会十分便利。此时便可以使用"文档浏览器"或"文件简介"对话框来检查编辑历史记录元数据。

虽然说通过此功能可有效选择以外部记录文件的形式导出文本，也可以将信息存储在所编辑的文件的元数据中，但在运算过程中，由于Photoshop必须将许多编辑操作记录到文件的元数据中，因此相对会增加文档的大小，并且也会使文件开启和存储的速度变慢。

提示

若使用 Adobe Acrobat 对该记录文件进行数字签名，然后将编辑记录保留在文件的原资料中，便可以证明记录文件未被修改。

设置编辑历史记录选项

1 选择"编辑"→"预置"→"常规"（Mac OS使用者选择"Photoshop"→"预置"→"常规"）。

2 在"历史记录选项"窗格中，试着选取以下选项之一：

* "文本文件"：可将文本导出到外部文档中。此时Photoshop程序将提示用户命名记录文件，并且在计算机上选择适当的存储位置。

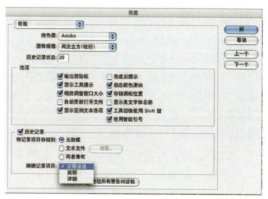

图2-50 设置编辑历史记录选项

* "元数据"：这是将条目存储在每幅图像的元数据中。

* "两者兼有"：在文件中存储元数据，并且同时创建一个文本文件。

3 从"编辑记录项目"弹出式菜单中，选取以下选项之一：

* "会话"：包含Photoshop 每次执行启动或退出，以及每次开启和关闭文件时所记录的条目（含每幅图像的文件名）。

* "简明"：这是除了"会话"选项所包括的信息之外，还包括在历史记录调板中显示的文本。

* "详细"：除"简明"选项所包括的信息外，也包括在动作调板中显示的文本。选取"详细"这个选项，可以保留对文件所执行操作的完整历史记录。

* "无"：关闭记录。

存储编辑历史记录：

1 选择"编辑"→"预置"→"常规"（Mac OS使用者请选择"Photoshop"→"预置"→"常规"）。

2 从"历史记录选项"窗格中，点击"选取"。

3 选择存储记录的目标位置，点击"好"。

动作完全应用

关于动作

通过Photoshop中"动作"的功能，可以将使用者的运作过程记录下来又可重新播放。"动作"就是播放单个文档或一批文件的一系列命令。特别在制作教学步骤记录时，利用动作的功能将有效地记录其过程，并节省使用者说明的时间。

基本上大多数的命令和工具操作都可通过记录来执行动作。动作本身可以包括停止，让使用者可执行无法记录的任务，也可包含模态控制，让使用者可以在播放动作时在对话框中输入数值。另外也可以通过动作的建立来使用快捷批处理，节省调整大量画稿的时间，而且快捷批处理是一种小应用程序，可以自动处理拖移到其图标上的所有文件。

图2-51 显示动作调板

Photoshop本身包含许多预定义的动作，使用者可以按原样使用这些预定义的动作，或者是根据自己的需要来自定它们，创建属于自己的新动作。

使用"动作"调板

"动作"调板可以有效地记录、播放、编辑和删除个别动作，并且可以用来存储和加载动作文档。而且在 Photoshop 中，动作组合呈现"组"的形式，这表示使用者可以创建新的组以便更完善地组织动作。

显示"动作"调板

可以选择"窗口"→"动作"并按 Alt +F9 组合键(Mac OS使用者选取"窗口"→"动作")，也可点击"动作"调板标签（若是调板可见，但未处于现用状态）。

动作功能虽方便使用，但是有几项需注意：

● 一般在默认情况下，"动作"调板是以列表模式显示动作，使用者可以展开和折叠组、动作和命令。

● 在 Photoshop 中，可以选择以按钮模式显示动作（与"动作"调板中的按钮一样，点击一下鼠标就可播放动作）。

● 不能通过按钮模式查看个别的命令或组。

展开和折叠组、动作和命令

可以在"动作"调板中点击组、动作或命令左侧的三角形。按住 Alt 键(Mac OS使用者按住 Option 键) 并点击三角形便可展开或折叠一个组中的全部动作或一个动作中的全部命令。

选择动作：

可参考下列选项之一：

● 可以按住 Shift 键并点击动作名称，便能选择多个连续动作。

● 按住 Ctrl 键并点击(Mac OS使用者按住 Command 键并点击) 动作名称，就可选择多个不连续的动作。

● 点击动作名称来选择一个动作。

以按钮模式显示动作

从"动作"调板菜单中选择"按钮模式"，然后再次选取"按钮模式"，就可以返回到列表模式。

创建新组

1 参考下列选项之一：

* 从"动作"调板菜单中，选择"新组"指令。

* 从"动作"调板中，点击"创建新组"按钮 。

2 输入新组的指定名称。

注释

若是决定创建一个新动作，并想将该动作组合到新组中，此时请确定已经创建了新组。这样之后在创建新动作时，新组就可以出现在组弹出式菜单中。

记录动作

记录动作功能虽然方便，但是在使用时请记住以下几点原则：

● "移动"、"选框"、"渐变"、"油漆桶"、"文字"、"形状"、"多边形"、"注释"、"套索"、"魔棒"、"裁切"、"切片"、"魔术橡皮擦"、"吸管"和"颜色取样器"工具执行的操作都是可以记录的。

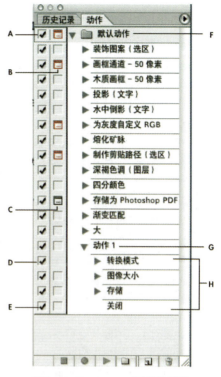

图2-52 Photoshop "动作" 调板

A. 包含已排除命令的动作或组　B. 包含模态控制的动作或组　C. 模态控制：打开或关闭模态控制　D. 已包含的命令；切换命令开/关　E. 已排除的命令　F. 组　G. 动作　H. 已记录的命令

● 可以记录在"通道"、"历史记录"、"色板"、"颜色"、"路径"、"图层"、"样式"和"动作"调板中进行的操作动作。

● 能够在动作中记录大多数（非所有）命令。

● 若记录包含调板的动作和对话框时,其所记录的设置便是记录时对话框和调板中的当前设置。若是在记录动作的同时去更改对话框或调板中的设置,所得到的是已经记录的值。

● 文件和程序设置变量（若现用图层或前景色）会影响结果的取决。比如说,3 像素高斯模糊在 150 ppi文档上创建的效果与在 300 ppi 文档上创建的效果是不同的。"色彩平衡"在灰度文件上创建的效果也会因此而变化。

注释

由于大多数对话框会保留以前设置的值,所以当它们下一次出现时,可能已经包含这些值。所以要仔细检查这些值是否是使用者希望记录的值。

● 当前指定的标尺单位将会运用在模态操作和工具以及记录位置的工具。模态操作或工具要求按 Enter 键或按 Return 键才能应用其效果,例如说变换和裁切命令。另外,记录位置的工具则是包含"切片"、"渐变"、"形状"、"路径"、"吸管"、"魔棒"、"选框"、"套索"和"注释"等工具。

提示

当记录在大小不同的文档上播放动作时,可以将标尺的单位设置为百分比。这样,动作将始终在图像中的同一相对位置播放。

● 能够记录"动作"调板菜单上列出的"播放"命令,使一个动作播放另一个预设动作。

创建新动作

就像录像一样,当使用者想创建新动作时,可以将所使用的命令和工具全都添加到动作中,完成时按下"停止"便可。

创建新动作的具体步骤如下:

1 开启文件。

2 从"动作"调板中,找到"新动作"按钮点击,或从"动作"调板菜单中选取"新动作"。

3 输入预设动作的名称。

4 从弹出式菜单中选取一个组。

5 若有需要可以设置下列选项:

* 可指定按钮模式的显示颜色。

* 也可以为动作指定键盘快捷键:

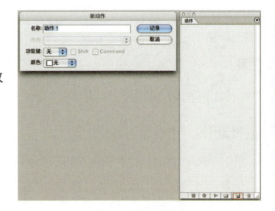

图2-53 创建新动作

选择功能键、Ctrl 键(Mac OS使用者选择 Command 键) 和 Shift 键的任意组合（例如：Ctrl+Shift+F3）。但请注意以下例外：在 Windows 中，无法使用 F1 键，也不能将 F4 或 F6 键与 Ctrl 键一起使用。

6 点击"记录"。让"动作"调板中的"记录"按钮变成红色 。

重点

当记录"存储为"命令时，请勿更改文件名。若此时输入了新的文件名，Photoshop 将会记录此文件名，并在每次运行该动作时都使用此文件名。在存储之前，若浏览到另一个文件夹，则可指定另一位置而不必指定文件名。

7 选取这些命令，然后执行要记录的操作。

8 如果想停止记录，请点击"停止"按钮，也可从"动作"调板菜单中选取"停止记录"，或者按 Esc 键。另外，假若想在同一动作中继续开始记录，可从"动作"调板菜单中选取"开始记录"指令。

记录路径

在做动作记录中，若是有使用钢笔工具创建的或从 Adobe Illustrator 粘贴的路径等复杂过程时，使用"插入路径"命令，便可以让使用者将复杂的路径作为动作的一部分包含在内。而且播放动作时，工作路径将会被设置为所记录的路径，在记录动作时或动作记录完毕后也可根据需要插入路径。

注释

播放插入复杂路径的动作可能会需要大量的内存，此时请适时增加Photoshop的可用内存量。

记录路径的具体步骤

1 选择下列选项之一：

* 可以选择一个命令，在该命令之后记录路径。

* 直接开始记录动作。

* 选择一个动作的名称，在该动作的最后记录路径。

2 从"路径"调板中选择目前的路径。

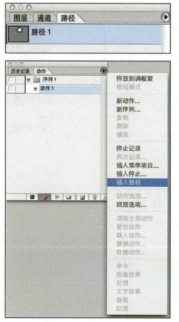

图2-54 记录路径

3 从"动作"调板菜单中选择"插入路径"指令。

要注意的是，如果在单个动作中进行多个"插入路径"的记录命令，每一个路径都会取代目标文件中的前一个路径。所以若是要添加多个路径，可以在记录每个"插入路径"命令后，使用"路径"调板记录中的"存储路径"命令。

插入停止

当遇到执行使用绘画工具这类无法记录的任务时，可以在动作中包含停止功能，之后可点击"动作"调板中的"播放"按钮完成任务。在记录动作时或动作记录完毕后可以插入停止。

或者在动作停止时显示一条短信息来达到提醒动作。Photoshop 的功能设定可以选择将"继续"按钮包含在消息框中，这样便可以查看文档中的某个条件。若是不需要执行任何操作则可以继续（ImageReady的情况则是自动提供"继续"按钮）。

插入停止的具体步骤

1 通过以下步骤之一，选择希望插入停止的位置：

* 可以选择一个命令，在那项命令之后插入停止。

* 或是选择一个动作的名称，在那项动作最后插入停止指令。

2 从"动作"调板菜单中选择"插入停止"指令（ImageReady的情况下则点击调板底部的"插入一个步骤"按钮）。

3 键入希望显示的信息。

4 若需该选项继续执行动作而不停止，可选择"允许继续"。

5 点击"好"按钮。

编辑条件

"动作"调板中会显示使用者创建的条件。通过点击位于条件动作左侧的三角形便可显示其条件和动作，双击其中的任何条件或动作便可打开"条件"对话框，使用者便可在其中编辑该条件。

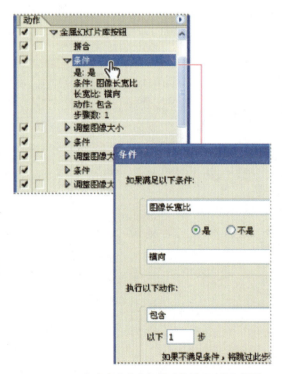

图2-55 显示包含条件的已记录动作的"动作"调板

设置模态控制

在播放动作时，若未出现对话框，而且出现无法更改已记录的数值状况时，可能是尚未设置模态控制。模态控制的设置可以使动作暂停，以便在对话框中指定值或使用模态工具。但是它只能为启动对话框或模态工具的动作来做设置。

而模态控制是由"动作"调板中的命令、动作或组的左侧的模态控制图标表示。若动作和组中的可用命令只有一部分是模态，这些动作和组将显示红色的对话框图标。而在 Photoshop 中，模态控制必须在列表模式中（而非按钮模式中）才能设置。

具体操作可参考以下步骤之一：

- 要开启或停用动作中所有命令的模态控制，可点击动作名称的左侧框。
- 点击命令名称的左侧框以显示对话框图标，然后再次点击可删除模态控制。
- 点击组名的左侧框，便可开启或停用组中所有动作的模态控制。

排除命令

通过此动作可以排除不希望作为已记录动作的一部分播放的命令。若想在 Photoshop 中排除命令，必须在列表模式中（而非按钮模式中）进行。

排除或包括命令

1 点击希望处理的动作左侧三角形，便可展开动作中的命令列表。

2 点击要排除的特定命令左侧的选中标记；继续点击可以包括该命令。或是点击该动作名称左侧的选中标记，就可以排除或包括一个动作中的所有命令。

注释

当决定排除某个命令时，其选中标记便会消失。此外，当父动作的选中标记变成红色，表示动作中的某些命令已被排除。

插入不可记录的命令

无法被记录的动作包括：上色工具、绘画工具、工具选项、视图命令和窗口命令等等，但若在此时使用"插入菜单项目"命令，就可以将许多不可记录的命令插入到动作中。

插入命令的动作可以在记录动作时或动作记录完毕后执行，而插入的命令是直到播放动作时才会执行，因此插入命令时，文档保持不变。命令的任何值都不记录在动作中。若是命令有对话框，在播放期间该对话框将会显示出来，并且暂停动作，直到点击"好"或"取消"为止。

图2-56 插入不可记录的命令

注释

在"动作"调板中停用模态控制，则无法使用"插入菜单项目"命令来插入一个打开对话框的命令。

将菜单项目插入动作中

1 先选择好插入菜单项目的目标位置：

* 然后选择一个动作名称，在此动作的最后插入所需项目。

* 选择一个命令，在此命令的最后插入所需项目。

2 再从"动作"调板菜单中选取"插入菜单项目"。

3 打开"插入菜单项目"对话框后，从它的菜单中选取一个命令。

4 点击"好"按钮。

播放动作

在之前的动作记录功能中，当使用者记录好动作过程后，便可以利用播放动作执行现用文件中记录的一系列命令，它可以排除动作中的某些命令或者是播放单个命令。若是动作包括模态控制，就可以在对话框中指定数值，或在动作暂停时使用模态工具。

注释：

若当前状况为按钮模式，点击一个按钮将执行整个动作，只是无法执行先前已排除的命令。

在文档上播放动作

1 开启文件。

2 参考下列步骤之一：

* 如果为动作指定好组合键，则点击该组合键便会进行自动播放动作。

* 如果是播放整个动作，就选择目标动作的名称，然后在"动作"调板中点击"播放"按钮，或是从调板菜单中选取"播放"。

* 假设要播放一部分动作，可以选择要开始播放的命令，接着点

图2-57 应用于图像的动作

击"动作"调板中的"播放"按钮或从调板菜单中选取"播放"指令。

播放动作中的单个命令

1 可选择要播放的命令。

2 参考下列选项之一：

* 可以按住 Ctrl 键(Mac OS使用者按Command 键) 再双击该命令。

* 按住 Ctrl 键 (Mac OS使用者按 Command 键)，再接着点击"动作"调板中的"播放"按钮。

还原整个动作

可以在播放动作前，于"历史记录"调板中创建一幅快照，并选择该快照来还原动作。

设置回放选项

在录制动作的过程中，若是动作过于复杂，有时未必能正确播放，此时很难有效断定问题发生在何处。"回放选项"命令提供了播放动作的三种速度，让使用者可以看到每一条命令的执行情况。

另外在处理包含语音注释的动作时，可以指定播放语音注释时动作是否需要暂停，这可以确定每个语音注释在播放完之后，才开始执行下一步动作。

指定动作的播放速度

1 可从"动作"调板菜单中选取"回放选项"。

图2-58 还原整个动作

2 速度的指定方式：

* "逐步"：意味完成每个命令并且重绘图像，然后再进行动作中的下一个命令。

* "加速"：是以正常的速度播放动作（这是属于默认设置）。

* "暂停时间"：是指输入 Photoshop 在执行动作中的每个命令之间暂停的时间量。

3 选择"为语音注释而暂停"指令，这可以确定动作中的每个语音注释播放完后，再正确开始动作中的下一步。若是希望语音注释正在播放时继续动作，则选择取消该选项。

4 点击"好"。

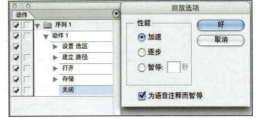

图2-59 指定动作的播放速度

编辑动作

动作经过记录后，便可以用很多种方法来进行编辑。可以试着在"动作"调板中重新排列动作和命令；也可以在动作中记录其他命令；重新记录复制和删除命令和动作；以及更改动作选项。

重新排列动作和命令

有时为了更改排列动作和重新排列动作中的命令，可以在"动作"调板中重新排列它们的执行顺序。

重新排列动作

可通过"动作"调板将动作拖移到位于另一个动作之前或之后的新设位置，当所需的位置出现突出显示行时，松开鼠标按键便可。另外也可以编辑动作中的条件。

重新排列命令

在"动作"调板中，将命令拖移至同一动作或另一动作中的新位置。与重新排列动作步骤一样，当突出显示行出现在所需的位置时松开鼠标按键便可。

记录其他命令

若要将命令添加到动作中，便可使用"动作"调板中的"记录"按钮或"开始记录"命令来执行。

1 参考下列步骤之一：

* 选取好动作中的命令，在该命令之后插入命令。

* 选择动作名称，然后在该动作的最后插入新命令。

② 点击"记录"按钮，或从"动作"调板菜单中选取"开始记录"指令。

③ 记录其他命令。

④ 点击"停止"以停止记录。

再次记录和复制动作与命令

若想为动作或命令设置新值，此时可使用再次记录的功能。另外，复制动作或命令这一功能，可以让使用者更改它而不失去原来的版本。

再次记录动作

① 对目标动作进行选择，然后从"动作"调板菜单中选取"再次记录"指令。

② 若是模态工具的再次记录，则参考下列步骤之一：

* 选按"取消"来保留原先的设置。

* 以不同方法使用该工具，再按 Enter 键(Mac OS使用者按 Return 键) 来更改工具的效果。

图2-60 开始记录其他命令

图2-61 停止记录其他命令

③ 对话框的再次记录，选择下列步骤之一：

* 点击"取消"来保留原先的数值。

* 更改数值后，再点击"好"，来记录更改的值。

再次记录单个命令

① 在"动作"调板中双击该命令。

② 输入希望的数值，点击"好"按钮。

图2-62 再次记录动作

图2-63 再次记录单个命令

复制动作或命令

选择下列步骤之一：

● 选择好目标动作或命令，再从"动作"调板菜单中选取"复制"指令，如此拷贝的动作或命令即出现在原稿之后。

● 将动作或命令拖移至"动作"调板底部的"新动作"按钮。

● 按住 Alt 键(Mac OS使用者按住 Option 键) 且将动作或命令拖移到"动作"调板中的目标位置中，当所需位置显示在突出显示行时，松开鼠标按键。

另外，除了可以复制动作和命令外，在 Photoshop 中还可以复制组。

图2-64 复制动作命令

删除动作和命令

这是对不再需要的动作或命令进行删除的功能。

删除动作或命令的具体操作步骤

1️⃣ 从"动作"调板中，选择希望删除的动作或命令。

2️⃣ 删除动作或命令，选择下列步骤之一：

* 在"动作"调板上点击"回收站"按钮，

图2-65 删除动作命令

再点击"好"删除动作或命令。

　　* 按住 Alt 键(Mac OS 使用者按住Option 键)并点击"回收站"按钮,便可删除选中的动作或命令,但不显示确认对话框。

　　* 把动作或命令拖移到"动作"调板上的"回收站"按钮。便可删除选中的动作或命令,但不显示确认对话框。

图2-66 删除全部动作

　　* 从"动作"调板菜单中选取"删除"。

删除"动作"调板中的全部动作

　　可从"动作"调板菜单中选取"清除全部动作"删除动作。另外,就算清除所有动作之后,也还是可以将"动作"调板恢复到其默认的动作组。

更改动作选项

　　可以依照使用者的需求,通过"动作选项"对话框对动作的名称、按钮颜色和键盘快捷键做理想的更改。

图2-67 更改动作选项

重命名动作

在"动作"调板中双击动作名称，输入新名称便可。

更改动作选项

1 先选择动作，然后从"动作"调板菜单中选取"动作选项"。

2 为动作键入新名称，或更改其他选项，点击"好"。

管理"动作"调板中的动作

一般来说，"动作"调板会在默认情况下，显示预定义的动作（随应用程序提供）和使用者创建的所有动作，当然也可以将其他动作加载到"动作"调板之中。

存储和载入动作

在Adobe Photoshop CS Settings 或 Adobe ImageReady CS Settings文件夹的Actions Palette 文件夹中，将会自动存储动作。所以若是文件丢失或被删除，则创建的动作也将跟着丢失。为预防此状况发生，可以试着将创建的动作存储在一个单独的动作文档中，这样在必要时可恢复它们。

注释

由于Adobe Photoshop CS Settings 文件夹的默认位置会因为操作系统而异，此时使用操作系统中的"查找"命令便可找到此文件夹。

存储动作组

1 选择一个组。

2 从"动作"调板菜单中选取"存储动作"。

3 将组键入名称，选取目标位置，点击"保存"即可。

在储存过程中，使用者可将该组存储在任何位置。但是若将其文件放置在Photoshop 程序文件夹内的 Presets/Photoshop Actions 文件夹中，在重新启动应用程序后则会显示在"动作"调板菜单的底部。

提示

若想要将动作存储在文本文件中，在"存储动作"命令时按 Ctrl+Alt 键(Mac OS使用者按Command+Option 键)，便可以使用此文档查看或打印动作的内容。但是要注意无法将该文本文件重新载入 Photoshop。

载入动作组：

选择下列步骤之一：

● 从"动作"调板菜单中选取"加载动作"，然后选择动作组文件，点击"加载"（Windows的情况下，Photoshop 动作组文件的扩展名为".atn"）。

图2-68 载入一个动作

● 从"动作"调板菜单的底部区域选择动作组。

将动作恢复到默认组

1️⃣ 先从"动作"调板菜单中选择"复位动作"。

2️⃣ 点击"好",然后用默认组替换"动

作"调板中的当前动作;或是点击"追加",把默认动作组增加到"动作"调板中的目前动作。

组织动作组

为了方便组织动作,可以创建动作组并将它们存储到磁盘,可以让不同的作品(比如印刷出版和联机出版)组织动作组,并将这些组传送到其他计算机。

图2-69 动作恢复到默认组

提示

虽说 ImageReady 不允许创建组,但其实可以在 ImageReady Actions 文件夹中利用手动组织动作。比如"动作"调板所包含的动作过多时,可以到 ImageReady Actions 文件夹中创建一个新文件夹;之后可以将较少使用的动作从 ImageReady Actions 文件夹移入到新文件夹中。然后记得将重新定位的动作从调板中移开,直到将它们放回到 ImageReady Actions 文件夹中。

创建新动作组

1️⃣ 可从"动作"调板中点击"创建新组"按钮,或者从调板菜单中选取"新组"选项。

2️⃣ 再输入该组的名称,点击"好"。

图2-70 创建新动作组

将动作移到另一个组

可试着从"动作"调板中将动作直接拖移到另一个组,等到突出显示行出现在目标位置时,便可松开鼠标按键。

重命名动作组

1 从"动作"调板的弹出式菜单中选择"组选项"。

2 将此组名称进行更改并点击"好"。

使用"批处理"命令

"批处理"命令可以让使用者在含有多个文档和子文件夹的文件夹上用播放动作指令,这样做可以省略使用者反复处理的时间。若是使用带有文档输入器的数码相机或是扫描仪,便可用单个动作导入和处理多个图像。不过动作的取入增效工具模块,可能需要扫描仪或数码相机的支持(若第三方的增效工具无法单次导入多个文档,则会在批处理期间或用作动作的一部分时,令该工具成为无效使用。若希望得到有关详细信息,建议可与增效工具的厂商联系)。

当进行批处理时,可以开启、关闭所有文件并存储对原文件的更改,或者将修改后的文件版本存储到新的目标位置(此时原始版本保持不变)。若是希望将处理过的文件存储到新的位置,则可在进行批处理前先为处理过的文档创建一个新文件夹。

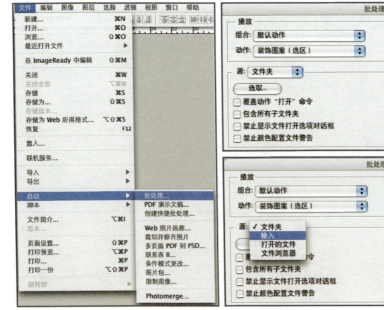

图2-71 批处理-1

提示

　　适当地减少所存储的历史记录状态的数量，将能提高批处理性能，且可以将"自动创建第一幅快照"选项由"历史记录"调板中取消。

使用"批处理"命令对文档进行批处理

1️⃣ 先从菜单中选取"文件"→"自动"→"批处理"。

2️⃣ 从"组合"和"动作"弹出式菜单中选取所需的组和动作来播放。

3️⃣ 从弹出式菜单中选取一个源：

* "输入"：对来自扫描仪、数码相机或 PDF 文件的图像进行导入和播放动作。

* "文件夹"：对于已存储在计算机中的文件进行播放动作。点击"选取"就可查询并选择文件夹。

* "打开的文件"：可用于对所有已经开启的文件做播放动作。

* "文件浏览器"：对于在文件浏览器中所选定的文件进行播放动作。

4️⃣ 若希望让动作中的"打开"命令引用批处理的文件，而非动作中指定的文件名，必须选择"覆盖动作'打开'命令"。若选择此选项，动作就必须包含一个"打开"命令，因为"批处理"命令将无法自动打开源文件。

　　假如是在打开的文件上操作动作的记录，或者是动作含括它所需的特定文件的"打开"命令，则取消选择"覆盖动作'打开'命令"指令。

5️⃣ 选择"包含所有子文件夹"来处理子文件夹中的文件。

6️⃣ 在对相机原始文件的动作进行批处理时，可以选择"禁止显示文件打开选项对话框"，来隐藏"文件打开选项"对话框，这将会很有效用。因为它将使用默认设置，或是以前指定的设置。

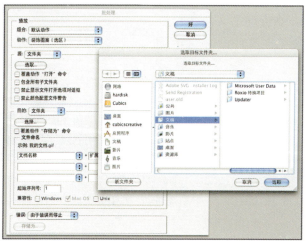
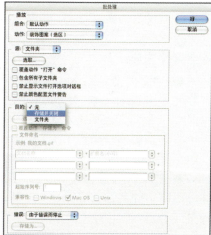

图2-72 批处理-2

7 选择"禁止颜色配置文件警告"，然后关闭颜色方案信息的显示方块。

8 从"目标"菜单中选取处理文件的目标：

* "存储并关闭"：表示您可以将文件存储在它们的当前位置，并直接覆盖原文件。

注释

若选择"存储并关闭"选项，接着便可选择"覆盖动作'存储为'命令"指令。而选择此选项会使"批处理"命令覆盖动作"存储为"命令，而且会使文件以其原文件名存回原文件夹中。

* "无"：意味使文件开启而不存储变更（除非动作包括"存储"命令）。

* "文件夹"选项会使处理过的文件存储到另一目标位置。此时点击"选取"选项便可指定目标文件夹。

9 若想进行"批处理"命令中的"存储为"指令，而非动作中的"存储为"指令，可以选择"覆盖动作'存储为'命令"。但若决定选择此选项，动作就必须包括一个"存储为"的命令，这是因为"批处理"命令无法帮使用者自动存储源文件。若是想使用"批处理"命令像 JPEG 压缩或 TIFF 等不可用的选项来存储文件时，这是很有用的方式。

注释

一旦选择了此选项，不管使用者如何记录动作的"存储为"步骤（指定或不指定文件名），将一律依照"批处理"命令中的文件夹和文件名存储该文件。

另外，"批处理"命令处理过的文件，会因取消选择"覆盖动作'存储为'命令"的动作，而存储在"批处理"对话框中指定的目标位置中。

注释

在记录使用指定的文件名和文件夹进行存储的动作后，且关闭了"覆盖动作'存储为'命令"，则每次都将覆盖同一文件。

"批处理"命令每次都将其存储到同一文件夹中：已经在动作中记录"存储为"的步骤而没有指定文件名，将会使用正在存储的文件名。

10 若选取"文件夹"作为目标，则指定文件命名规范，进一步选择处理文件的文件兼容性选项：

● "文件命名"：可从弹出式菜单中选择元素，或是在要组合为所有文件的默认名称的栏中输入文本。通过这些栏可以更改文件名的各部分格式和顺序，每个文件至少要有一个如文件名、序列号或字母等唯一的栏，这样才能防止相互覆盖。而在此情况下的起始序列号就是所有序列号栏指定的起始序列号。第一个文件的序列字母栏经常由字母"A"开始。

● "文件名兼容性"：可依使用者目的来选取Windows、Mac OS和UNIX系统，如此可以使文件名称与 Windows、Mac OS 和 UNIX 操作系统不会互相排斥。

提示

一般来说，在使用"批处理"命令选项存储文件时，将会用与原文件相同的格式存储文件。若想创建新格式来存储文件的批处理，要记录后面跟有"关闭"命令作为部分原动作的"存储为"命令选项，之后在设置批处理时再为"目标"选择"覆盖动作'存储在'命令"指令。

11 从"错误"弹出式菜单中，选择处理错误的选项：

* "将错误记录到文件"：这是让每个错误记录在文件中而不停止进程。若有错误记录到文件中，在处理完毕后会出现一条信息。假如要确认错误文件，可在批处理命令运行之后，通过一种文本编辑器开启它。

* "由于错误而停止"：挂起进程，持续到确认错误信息为止。

提示

若想使用多个动作来进行批处理，可以创建一个播放全部其他动作的新动作，再接着对它进行批处理（也可以在动作内嵌套动作）。若要批处理多个文件夹，要在一个文件夹中创建要处理的其他文件夹的别名，接着再选择"包含所有子文件夹"的选项。

将嵌套文件夹中的文件批处理为不同格式

1 依照常规步骤处理文件夹，直到"目标"步骤为止。

2 为目标进行"存储并关闭"的选取动作。可试着选择"覆盖动作'存储为'命令"选项来执行以下操作：

* 若动作中的"存储为"步骤已包含文件名称，则会以所存储文档的名称覆盖它，所有"存储为"的步骤将会被视为在记录它们时并没有使用文件名。

* 位于"存储为"动作步骤中所指定的文件夹被文档的源文件夹覆盖。

注释

由于"批处理"命令不会自动存储文件，所以为了使其正常工作，在动作中必须有"存储为"的步骤。

使用快捷批处理

快捷批处理可以说是一个小的应用程序，它可以将动作应用在拖移到快捷批处理图示上的一个或多个图像。使用者可以有效率地将快捷批处理存储在桌面上或磁盘上的另一位置。

从动作创建快捷批处理

动作可谓是创建快捷批处理的基础，因此在创建快捷批处理前，使用者需先在"动作"调板中创建所需要的动作。

若是在 ImageReady的情况下，可以用"优化"调板来创建快捷批处理，只要将"优化"调板设置应用在单个或一批图像中便可。

从动作创建快捷批处理的具体步骤

1 从菜单中选择"文件"→"自动"→"创建快捷批处理"。

2 点击对话框的"将快捷批处理存储于"部分中的"选取"指令，然后再选择存

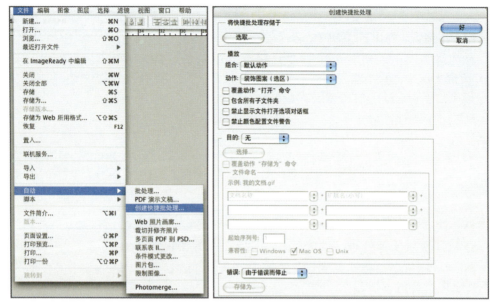

图2-73 从动作创建快捷批处理-1

储快捷批处理的目标位置。

▣ 在"组合"和"动作"菜单中选择希望的组和动作。

▣ 设置希望使用快捷批处理的播放选项：

* 若想让动作中的"打开"命令引用批处理的文件，而非动作中指定的文件名，可以选择"覆盖动作'打开'命令"。若记录的动作是在开启的文件上面操作的，又或动作包含它所需要的特定文件的"打开"命令，就取消"覆盖动作'打开'命令"的选择动作。

* 选取"包含所有子文件夹"处理子目录中的文件。

* 选取"禁止颜色配置文件警告"来关闭颜色方案信息的显示。

* 选取"禁止显示文件打开选项对话框"来隐藏"文件打开选项"的对话框。这对相机原始图像文件的动作进行批处理是很有效的，因为它将会使用默认设置或以前指定的设置。

▣ 从"目标"的菜单中来选择处理文件的目标：

* "无"：让文件保持开启而不存储更改（只要动作不包括"存储"命令）。

* "存储并关闭"：将文件存储在其当前位置。

注释

若确定选择"存储并关闭"选项，便能选择"覆盖动作'存储为'命令"选项。这选项可令快捷批处理覆盖所有动作"存储为"的命令，而且将文件以它的源文件名存储回原始文件夹。

⑥ 把选择好的"文件夹"中将处理的文件存储到另一位置。若需要快捷批处理中"存储为"指令，而非动作中的"存储为"指令，可选择"覆盖动作'存储为'命令"的指令。若进行此选项，动作就必须包含一个"存储为"命令，这是由于快捷批处理无法自动存储源文件的关系。当使用快捷批处理中像JPEG压缩或TIFF等这些不可用的选项存储文件时，这是很有用的。

注释

不管如何记录动作的"存储为"步骤（指定或不指定文件名），只要选择了此选项，均会按快捷批处理中的文件夹和文件名来存储该文件。

取消选择"覆盖动作'存储为'命令"后，会让快捷批处理所处理过的文件，存储在"创建快捷批处理"对话框中指定的目标位置中。

注释

使用者可记录使用指定的文件名和文件夹来进行存储的动作。若已经这样做了并关闭了"覆盖动作'存储为'命令"，将使得每次都会覆盖同一文件。若已在动作中记录"存储为"步骤，却尚未指定文件名，则快捷批处理每次都将其存储到同一文件夹中，但会使用正在存储的文档的文件名。

⑦ 若是选取"文件夹"作为目标，便可指定文件命名规范，并且选择处理文件的文件兼容性选项：

＊ "文件命名"：在弹出式菜单中进行元素的选择，或是在组合为所有文件的默认名称的栏中输入文本。元素则包括文件名称、文件创建日期、序列号或字母和文件扩展名。而起始序列号将为所有序列号栏指定的起始序列号，像第一个文件的序列字母栏总是从字母"A"开始。

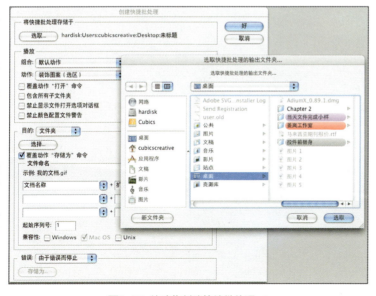

图2-74 从动作创建快捷批处理-2

　　＊ "兼容性"：可以按使用者目的来选取Windows、Mac OS和UNIX系统，这样可以使文件名称与 Windows、Mac OS 和 UNIX 操作系统不会互相排斥而兼容。

　　⑧ 从"错误"弹出式菜单中，选择处理错误的选项：

　　＊ "将错误记录到文件"：这是让每个错误记录在文件中而不停止进程。若有错误记录到文件中，在处理完毕后将出现一条信息。假如要确认错误文件，可在批处理命令运行之后，通过一种文本编辑器开启它。

　　＊ "由于错误而停止"：挂起进程，持续到确认错误信息为止。

创建在不同操作系统上使用的快捷批处理

　　当使用者想创建在 Windows 和 Mac OS 中都可以使用的快捷批处理状态时，以下兼容性问题请务必记住：

　　● 若在 Mac OS 中创建快捷批处理时，要使用 .exe 扩展名来让快捷批处理与 Windows 和 Mac OS 都能相容。

　　● 在把 Windows 中创建的 Photoshop 快捷批处理移转到 Mac OS 后，要将它拖移到 Photoshop 的图标上。Photoshop 会启动且更新在 Mac OS 中所使用的快捷批处理。

　　● 操作系统之间是不互相支持文件名的引用的。所有如"打开"命令、"存储为"命令或从文件加载设置的调整命令等引用文件名或文件夹名的动作步骤，都将会暂停且提示使用者输入文件名。

第三章
图形图像处理技术

图像的复制与删除

移动、拷贝和粘贴选区与图层

因图像设计的需求，可对位于图层内的图像（包含其他应用程序里的图像）进行选区的移动及拷贝的动作。

在图像内移动选区和图层

想要将选区或图层拖移到图像内新位置，可使用"移动工具"执行，而开启信息调板则可确定移动的实际距离。若需要在图像内对齐选区及图层时，亦可使用移动工具，还能分布到图层里。

要指定移动工具选项

1 点击"移动工具"。

2 在选项栏中执行下列任一操作：

* "显示定界框"：在选中项目的四周显示定界框；

* "自动选择图层"：此功能所选取的图层位于移动工具下有像素的顶层图层。

要移动选项或图层

1 点击"移动工具"。

若想在另一个工具选中时点击移动工具，需按住 Ctrl 键（Windows）或Command 键（Mac OS），请注意，此方法对于钢笔/自由钢笔工具、路径选择工具、直接选择工具、抓手工具、手形图标、切片选择工具以及锚点工具（包含添加/删除/转换锚点工具）等皆不适用。

2 执行下列操作之一：

* 在选区边框内移动指针，可将选区移动到新的位置。若同时选取多个区域，那么在使用指针移动时也会同时移动所有的区域。

* 直接点按要进行移动的图层，再将该图层移到新位置。

图3-1 原来的选区（左侧）及移动后选区（右侧）

要在图像内对齐选区和图层

1 执行下列操作之一：

* 需把图层内容与选区对齐时，先在图像内新建一个选区，接着于图层调板中选取图层。

* 要将多个图层内容与选区的边框对齐时，必须先在图像内建一新选区，接着于图层调板中链接要对齐的图层。

* 若要现有图层内容与其他图层内容对齐，则将这些图层进行链接。

2 以上操作实施后，点击"移动工具"。

3 最后于选项栏中点击对齐按钮，可一个或多个，视图像设计需求而定：

* "对齐上边缘"：顶边对齐。

* "居中垂直对齐"：垂直中心对齐。

* "对齐下边缘"：底边对齐。

* "对齐左边缘"：左边对齐。

* "居中对齐"：水平中心点对齐。

* "对齐右边缘"：右边对齐。

图3-2 对齐选区和图层

要在图像内分布图层

1 在图层调板中，把三个（或三个以上）的图层进行链接。

2 点击"移动工具"。

3 于选项栏中点击分布按钮,可一个或多个(视设计需求而定):

* "分布顶边缘": 由顶部分布。

* "分布垂直中心": 由垂直中心分布。

* "分布底边缘": 按底部分布。

* "分布左边缘": 按左边分布。

* "分布水平中心": 自水平中心分布。

* "分布右边缘": 自右边分布。

拷贝选区或图层

使用移动工具拷贝选区时,可以在图像内或图像间拖移选区,如"拷贝"、"合并拷贝"、"剪切"及"粘贴"等功能。使用移动工具的好处是能够节省内存,这是因为未使用剪贴板的关系,但是"拷贝"、"合并拷贝"、"剪切"及"粘贴"等命令则会使用剪贴板。以下针对四种功能予以说明:

"拷贝":对现用图层中被圈选的区域进行拷贝。

"合并拷贝":将被圈选区域中全部可视图层进行合并及拷贝。

"粘贴":把经过剪切(或拷贝)后的

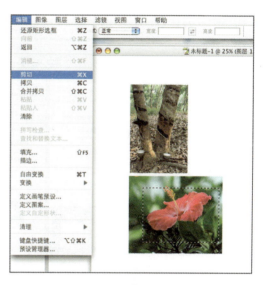

图3-3 剪切选区

选区粘贴到图像的另一区,或将其视为新图层粘贴到另一张图像上。例如有一活动选区,运用"粘贴"命令会使拷贝的选区置于目前的选区上;若无活动选区,那么"粘贴"命令会使拷贝的选区置放于视图区域中央。

"粘贴入":此命令能将经过剪切(或拷贝)的选区粘贴到同一图层(或是不同图像)的另一选区当中。原本的选区会粘贴至新图层中,而目标选区边框则转为图层蒙版。

需注意的是,在分辨率不同的图像中粘贴选区(或图层)时,粘贴的数据依旧维持原来的像素尺寸,但这会使粘贴的部分与新图像无法统一,因此在拷贝(或粘贴)之前,执行"图像大小"的命令,可使源图像与目标图像的分辨率完全一样,接着把这两个图像的缩放设置为相同的倍数。

根据色彩管理的设置以及文件(或数据)关联的颜色配置文件,会提示使用者如何处理文件(或数据)内的颜色信息。

拷贝选区

1️⃣ 先选择需要拷贝的区域。

2️⃣ 点击"编辑"→"拷贝",或是"编辑"→"合并拷贝"。

要在拖移时拷贝选区

1️⃣ 选择移动工具。若使用快捷键,则Windows使用者按 Ctrl 键,而Mac OS 使用者按Command 键,即可启动移动工具。

2️⃣ 接着Windows使用者按住 Alt 键,Mac OS使用者则按Option 键,拖移想要拷贝及移动的选区。

在图像之间拷贝时,必须先将选区由目前使用的图像窗口移动到目标图像窗口。若未选择任何内容,那么将会拷贝现有图层。而将选区移到另一个图像窗口时,若能将选区放进该窗口,则有一边框高光显示于该窗口。

在图像中创建选区的多个副本

1️⃣ 选择移动工具。若使用快捷键,则按 Ctrl 键(Windows)或 Command 键(Mac OS),即可启动移动工具。

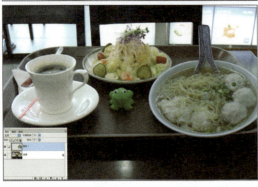

图3-4 将选区拖移到另一个图像中

2️⃣ 拷贝选区:

* Windows使用者按Alt键,Mac OS 使用者则按Option键,便可拖移选区。

* 需拷贝选区且以 1 像素为移动单位的位移副本,Windows使用者按Alt键(Mac OS 使用者则按Option键),再按箭头键。

3️⃣ 拷贝选区且以 10 像素为移动单位的位移副本,Windows使用者请同时按 Alt+Shift的组合键(Mac OS 使用者则同时按Option+Shift的组合键),再按箭头键。

若是一直按住 Alt 键或是 Option 键,则每按一次箭头键将会创建选区内一个新的副本,且该副本会自上一个副本移动到指定的距离。本范例中关于该副本是不会建立在新图层上的。

将一个选区粘贴到另一个选区

1️⃣ 剪切(或拷贝)要粘贴的图像。

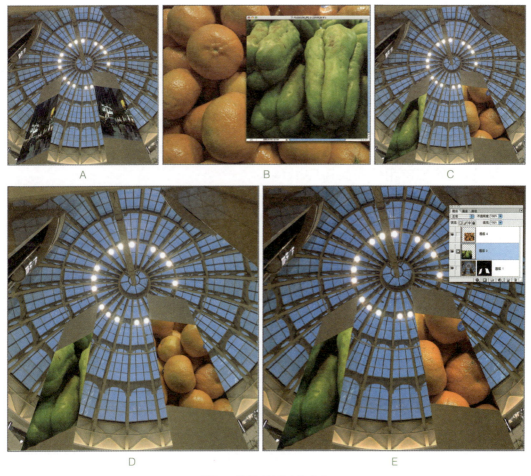

图3-5 使用"粘贴入"命令

A. Window 窗格处于选中状态　B.拷贝的图像　C."粘贴入"命令　D."图层"调板中的图层缩略图和图层蒙版
E.粘贴的图像重新调整位置

2 接着选择想要粘贴在选区的图像部分。其实源选区和目标选区可以在同一个图像内,当然也能在不同的 Photoshop 图像内。

3 点击"编辑"→"粘贴入"。源选区的内容在目标选区内会被蒙版所覆盖。

在图层调板中,源选区图层的缩览图会出现在目标选区图层蒙版的缩览图旁边,但其实图层和图层蒙版之间彼此是分开的,也就是说使用者可以单独移动图层或只移动图层蒙版。

4 点击移动工具。Windows使用者请按住 Ctrl 键(Mac OS 使用者则请按住 Command 键),即可使用移动工具。接着便移动源内容,直到被蒙版覆盖为止。

⑤ 若要显示图层下面的图像，点击图层调板中的"图层蒙版缩览图"，接着选择绘画工具开始编辑蒙版。

* 隐藏图层下方的图像时，使用黑色绘制蒙版。

* 显示图层下方的图像时，使用白色绘制蒙版。

* 只想要部分显示图层下方的图像时，则使用灰色绘制蒙版。

⑥ 最后可点击"图层"→"向下合并"，将新图层和有下层图层的图层蒙版全都合并，成为永久性的更改而不被轻易改动。

使用拖放功能在应用程序间拷贝

"拖放功能"可以让使用者在 Photoshop、Image Ready 和其他软件之间拷贝及移动图像。

在 Windows 的应用程序中，必须遵守 OLE，因为要通过"拖放功能"将整个图像复制，则需使用移动工具移动图像。需拷贝含有 PSD 数据的 OLE 对象时，则使用"OLE 剪贴板"。

从Illustrator 或是从使用 Illustrator Clipboard 的其他软件拖移矢量图片并将其进行栅格化处理。在数学定义上，矢量图片的线条和曲线将会转为位图图像的像素或位图。但若是将矢量图片拷贝成为 Photoshop 中的路径时，则需从Illustrator拖移，在拖移时Windows使用者按住 Ctrl 键，Mac OS 使用者按住Command 键。若想要拷贝文字，必须先将其转换为轮廓。

使用剪贴板在应用程序之间拷贝

在 Photoshop、Image Ready或其他软件间拷贝选区时，可以利用"剪切"或"拷贝"的命令。当在剪切或拷贝到另一选区前，原本的选区会一直保留在剪贴板上。但是在一些情况下，剪贴板的内容会被系统默认转换为栅格图像（而图像是以粘贴到文件的分辨率作为栅格化后的分辨率），不过Photoshop会在栅格化矢量图片时提出警示。

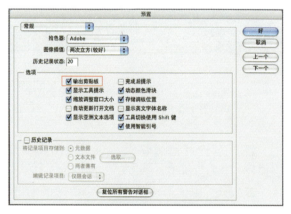

图3-6 "导出剪贴板"预置

在Photoshop中更改"导出剪贴板"预置

① 执行下列操作之一：

* Windows 使用者请点击选取"编辑"→"预置"→"常规"。

* Mac OS 使用者请点击"Photoshop"→"预置"→"常规"。

2 在退出Photoshop 时，点击"导出剪贴板"，将Photoshop 的所有内容都存储到剪贴板上。若未选择"导出剪贴板"的话，那么退出程序时剪贴板上的内容会被删除。

从其他应用程序粘贴 Post Script 图片

1 在能支持Post Script的应用程序中，选取图片后点击"编辑"→"拷贝"。

2 选择粘贴选区的图像（Photoshop及ImageReady皆同）。

3 点击"编辑"→"粘贴"。

4 在Photoshop的对话框中，可选择以下选项：

* "粘贴为像素"：图片经栅格化处理后为粘贴时的样子。

* "粘贴为路径"：在路径调板中将副本粘贴为路径。从Illustrator拷贝类型时，须先将其转换为轮廓。

* "粘贴为形状图层"：将路径作为矢量蒙版时会使用到的新形状图层。

使用此功能时需留意的是，从Illustrator 拷贝图片时，默认的剪贴板预置会使"粘贴"对话框无法在 Photoshop 中显示出来。若希望于Photoshop 中进行图片粘贴时能显示"粘贴"选项，则要在Illustrator 的"预置"对话框中的"文件和剪贴板"区域中点击AICB。

5 若前一步中已选取"粘贴为像素"时，那么请在选项栏中选取"消除锯齿"，以便平滑选区边缘和周围像素之间的转换。

如果之前已经合并数据，且想要重新提出栅格化数据时，则请使用"修边"的命令。

图像的裁切

裁切是移去部分图像以突出或加强构图效果的过程。可以使用裁切工具和"裁切"命令来裁切图像，也可以使用"修整"命令裁减像素。

图3-7 设置裁切工具选项

使用裁切工具

裁切工具提供了用于裁切图像时所需的大多数选项。

如何使用裁切工具裁切图像

1 点击裁切工具。

2 在图像中把想要保留的部分向上拖移，以便创建一个选框，而这选框不需要十分精确，可以之后再调整。

3 调整裁切选框（必要时）：

* 要将选框移动到其他位置时，把指针放在定界框内并进行拖移。

图3-8 使用裁切工具

* 若要缩放选框则拖移手柄；若要进行约束比例，则在拖移手柄时加按Shift键。

* 若要旋转选框则将指针放在定界框外，当指针变为弯曲的箭头时便可进行拖移，但要移动选框旋转所围绕的中心点，则需拖移位于定界框中心的圆点。

在Photoshop中执行此功能时，若图像是位图模式，就无法将选框旋转。

4 执行下列操作之一：

* 完成裁切状态时，Windows使用者请按Enter键（Mac OS使用者则按Return 键），接着点击选项栏中的"提交"及"应用"按钮；或者在裁切选框内双击鼠标。

* 想要取消裁切操作时，则可直接按 Esc 键，或点击选项栏中的"取消"按钮。

设置裁切工具选项

在选项栏中可通过下列选项进行裁切工具的模式设置：

1 在Photoshop中，想要裁切图像而不重新取样时，请先确认选项栏中分辨率文本框为空，接着点击"清除"按钮，以清除所有文本框。

2 在Photoshop中，想在裁切过程中对图像本身进行重新取样时，需先在选项栏中输入高度、宽度和分辨率。除非已提供这些数值，否则裁切工具将不会对图像执行重新取样。

3 在Image Ready中，若要裁切图像而不重新取样时，必须先在选项栏中将"固定大小"选项取消。

4 在Image Ready中，如果裁切过程中对图像进行重新取样，则选择"固定大小"选项，并输入高度和宽度的数值。

5 如果要对图像的尺寸和分辨率进行重新取样，先打开依据的图像，接着点击裁切工具，再点击选项栏中的"前面的图像"（ImageReady时则必须选择"固定大小"选项才能使用"前面的图像"），最后才能使要裁切的图像成为现用图像。

使用此系列功能时须注意，在裁切过程中的重新取样可将"图像"→"图像大小"命令的功能与裁切工具的功能两者组合起来。

6 指定要隐藏（或删除）被裁切的区域时，是指当选择"隐藏"选项时会把裁切的区域保留在图像文件中，通过使用移动工具将图像移动，便可见隐藏区域，若选择"删除"选项则会删掉裁切区域。

在使用Photoshop时，"隐藏"选项对于只包含背景图层的图像并不适用，若想通过隐藏方式裁切背景，则需先将背景转换为一般的图层。但在Image Ready中，想通过隐藏选项裁切背景时，系统会自动将背景转换为一般的图层。

7 当使用裁切屏蔽遮盖被删除（或隐藏）的图像区域时，点击"屏蔽"选项，可为裁切屏蔽本身指定颜色及不透明度，取消"屏蔽"选项后，裁切选框外部的区域就会显示。

使用"裁切"和"裁剪"命令

除了裁切工具外，还可以运用裁切和修整的命令对图像进行修饰。

使用"裁切"命令裁切图像

1 先选择想要保留的图像。

2 接着点击"图像"→"裁切"即可。

使用"修整"命令裁切图像

1 先点击"图像"→"修整"操作。

图3-9 "修整"命令

2 在"修整"的对话框中选择以下选项设置：

* "透明像素"：用于修整图像边缘的透明区域，并留下包含非透明像素的最小图像。

* "左上角像素颜色"：用于移去图像左上角像素颜色区域。

* "右下角像素颜色"：用于移去图像右下角像素颜色区域。

3 最后选取一个（或多个）需要修整的图像区域，例如"顶"、"底"、"左"或"右"。

裁切时变换透视

Photoshop的裁切工具中有一附加选项可用于变换图像透视，在处理包含石印扭曲等图像时非常有用。由特定角度而非平直视角拍摄时，便会发生石印扭曲的情形。例如：由地面拍摄高楼的照片，则楼房顶部的边缘看起来会比底部的边缘更近一些。

变换图像的透视

1️⃣ 选择裁切工具，并进行裁切模式的设置。

2️⃣ 在原始场景中将矩形的对象拖移裁切选框（即使它在图像中并非为矩形），仍可使用该对象边缘定义图像中的透视，其选框不需要十分精确，之后可再调整。执行此命令的前提是必须选一个在原始场景中为矩形的对象，否则Photoshop无法变换图像中的透视。

3️⃣ 在选项栏中点击"透视"，并依据需要设置其他的选项。

4️⃣ 接着移动裁切选框的角手柄，以便匹配对象的边缘，此方式将定义图像中的透视，所以精确匹配对象的边缘是非常重要的。

5️⃣ 拖移边手柄以在保留透视的情况下扩展裁切边界。

须注意不要移动裁切选框的中心点，因为Photoshop需要了解图像的原始中心点，以便执行透视校正。

6️⃣ 接着执行下列操作之一：

* Windows使用者按 Enter 键（Mac OS 使用者则按Return 键）；点按选项栏中的"提交"按钮和"应用"按钮；或在裁切选框内双击鼠标。

* 取消裁切操作时，可按 Esc 键，或点击选项栏中的"取消"。

如果Photoshop显示错误，极有可能是角手柄或中心点的位置不正确，可点按"取消"返回，并调整裁切选框，点击"不裁切"则会取消裁切操作。若处理的是以前裁切过的图像，也可能会出错。

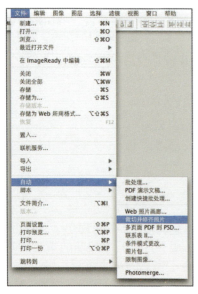

图3-10 "裁切并修齐照片"命令

使用"裁切并修齐照片"命令

执行"裁切并修齐照片"命令便于将一次扫描的多个图像分成许多单独的图像文件。为获得最佳的结果，在要扫描的图像之间请保持 1/8 英寸的间距，且背景（扫描仪的台面）应没有杂色。"裁切并修齐照片"命令对外形轮廓十分清晰的图像是非常适合的。

如果"裁切并修齐照片"正在处理简单的图像，则使用裁切工具裁掉单个图像。

使用"裁切并修齐照片"命令进行以下操作

1️⃣ 先打开包含要分离的图像的扫描文件。

2️⃣ 选择包含这些图像的图层，或在一个（或多个）图像周围绘制选区边框，以便将这些图像生成到单独的文件当中。

▣ 点击"文件"→"自动"→"裁切并修齐照片",将扫描后的图像进行处理,在其各自的窗口中打开每个图像。

如果"裁切并修齐照片"命令对某一张图像进行的拆分不正确时,请在该图像和某一背景的周围创建一个选区边框,Windows使用者按住Alt键(Mac OS使用者按住Option键)选取该命令,而组合键表明只有一幅图像要从背景中分离出来。

调整图形图像尺寸

更改工作画布的大小

执行"画布大小"命令可添加(或移去)现有图像周围的工作区域,此命令亦可用在通过减小画布区域的方式裁切图像。在Image Ready中,添加画布与背景的颜色或透明度相同;Photoshop 中,对于所添加的画布有许多个背景选项。若图像的背景是透明的,则添加的画布也会是透明的。

使用"画布大小"命令

1 点击"图像"→"画布大小"。

2 执行下列操作之一:

* 在"宽度"和"高度"的框中输入适当的画布尺寸。Photoshop的"宽度"和"高度"框旁边有下拉菜单,可选择所需要的计算单位。

* 点击"相对"选项,并输入希望画布大小增加(或减少)的数量,若是输入负数值将会减小画布大小。

3 对于"锚点"部分,则是点击某一方块,指示现有图像在画布上的位置。

4 在Photoshop中从"画布扩展颜色"的菜单中选一个选项:

* "前景":用当前设置的前景颜色填充新画布。

* "背景":用当前设置的背

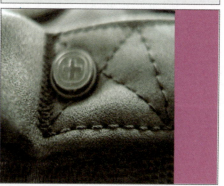

图3-11 原来的画布及使用前景颜色添加到图像右侧的画布

景颜色填充新画布。

* "白色"、"黑色"或"灰色"：用这三种颜色填充新画布。

* "其他"：另外使用拾色器选择想要的新画布颜色。

本指令需注意的是，如果图像不包含"背景"图层，那么"画布扩展颜色"菜单便无法使用。

5 点击"好"。

自由变换命令的使用

使用"自由变换"命令

"自由变换"命令就是在一个连续的操作中应用旋转、缩放、斜切、扭曲和透视等变换，不需要选取其他命令，只要在键盘上按住一个键，便可在变换的类型之间进行切换。

在使用Photoshop时如果要变换形状或整个路径的话，"变换"命令将会变为"变换路径"的命令；若是要变换多个路径段（但非整个路径）时，"变换"命令将变为"变换点"命令。

自由变换

1 先选择想要变换的对象。

2 执行下列操作方式之一：

* 点击"编辑"→"自由变换"。

* 若要变换选区、基于像素的图层或是选区边框，需先选取移动工具，接着在选项栏中选择"显示定界框"(使用Photoshop时) 或"显示变换框"(使用Image Ready时)。

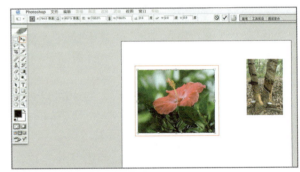

图3-12 自由变换

* 若要变换矢量形状或路径，则选择路径选择工具，之后在选项栏中选择"显示定界框"。

3 请执行下列一项或多项操作：

* 拖移缩放时需要拖移手柄，拖移角手柄时若按住Shift键可依比例缩放。

* 根据数字进行缩放时，请在选项栏的"宽度"和"高度"文本框中输入百分比数值，点击"链接"以保持长宽比。

* 如要通过拖移进行旋转，则需要将指针移动到定界框的外部，当指针变为弯曲的双向"旋转"箭头时进行拖移，按Shift键可将旋转限制为按 15° 增量进行。

* 若要根据数字旋转，在旋转文本框的"旋转"选项中输入角度数值。

* 如果是相对于定界框的中心点扭曲，Windows使用者按住 Alt 键(Mac OS 使用者则按Option 键)，并拖移手柄的"缩放"图标。

* 要自由扭曲，Windows使用者按住 Ctrl 键(Mac OS 使用者按住Command 键)，并拖移手柄。

* 如要斜切，Windows使用者按住 Ctrl+Shift 组合键（Mac OS使用者Command+Shift 组合键），并拖移边手柄。当定位到边手柄上，指针会变为带一个小双向箭头的白色"斜切"箭头图标。

* 如果是根据数字斜切，则在选项栏的 H（水平斜切）和 V（垂直斜切）文本框中输入角度数值。

* 如果要应用透视，Windows使用者按住Ctrl+Alt+Shift组合键（Mac OS使用者则是按Command+Option+Shift 组合键），并拖移角手柄。当定位到角手柄上时，指针变为灰色"扭曲"图标箭头。

* 如要更改参考点，点击选项栏的参考点定位符"中心点"图标上的方块。

* 要移动项目则在选项栏的 X（水平位置）和 Y（垂直位置）文本框中输入参考点的新数值。在 Photoshop 中，点击"相关定位"，便可以相对于当前位置指定新位置。

如果要还原前一次手柄的调整，点击"编辑"→"还原"。

4 执行下列操作之一：

* Windows使用者按Enter键（Mac OS使用者则按Return键），点按选项栏中的"提交"按钮及"应用"按钮；或者在变换选框内双击鼠标。

* 如果要取消变换，按Esc键或点击选项栏中的"取消"按钮。

当变换位图图像时（需与形状或路径相对），在每次提交变换时都变得模糊，因此，在应用渐增变换之前执行多个命令会比分别应用每个变换更可取。

变换命令的使用

变换对象

将缩放、旋转、斜切、扭曲以及透视应用于整个图层或图层的选中部分、蒙版、路径、形状、选区边框和通道。

指定要变换的对象

首先，可以向选区、整个图层、多个图层或图层蒙版应用变换。Photoshop 中，还可以向路径、矢量形状、矢量蒙版、选区边框或 Alpha 通道应用变换。

需要强调的是：在 Photoshop 中，可以将变换应用于 8 位和 16 位图像。但在 ImageReady 中，一定要先将图像转换为 8 位 RGB 颜色模式，才能对它们进行编辑。

为了计算变换过程中添加或删除的像素颜色值，Photoshop 与 ImageReady 运用

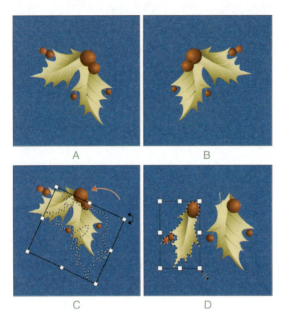

图3-13 变换图像

A. 原稿图像　B.翻转后的图层　C. 旋转后的选区边框
D. 对象的局部被缩放

插值方法，所谓插值方法就是在"预置"对话框的"常规"区域下进行选择。此选项直接影响变换的品质与速度。默认的两次立方插值速度最慢，但产生的效果最好。

指定要变换的对象需执行下列操作之一：

● 在要变换整个图层前，首先需激活该图层，并确保没有选中任何对象。

需要强调的是：背景图层是不可以变换的。但可以把常规图层与背景图层进行互换。

● 要变换图层的一部分，需选择该图层，然后再选择该图层上的图像区域。

● 要变换多个图层，需在"图层"调板中将图层链接到一起。

● 要变换图层蒙版或矢量蒙版，需取消蒙版链接并在"图层"调板中选择蒙版缩览图。

● 要变换路径或矢量形状，首先需要使用路径选择工具选择整个路径，或使用直接选择工具选择路径的一部分。如果选择了路径上的一个或多个点，那么只需变换与这些点相连的路径段。

● 若要变换选区边框，需选择或载入选区，然后选取"选择"→"变换选区"。

● 若要变换 Alpha 通道，需在"通道"调板中选择通道。

设置参考点

全部变换都以一个名为参考点的固定点来执行。再默认情况下，该点位于操作者正在变换的项目的中心。但是，操作者也可以使用选项栏中的参考点定位符来更改参考点，或将中心点移到其他位置。

设置变换的参考点

1 根据下列主题所述选择变换命令，图像上将会出现定界框。

2 在选项栏中，点击选项栏中参考点定位符"中心点"图标上的方块。每个方块代表定界框上的某个点。例如，若要将参考点设置到定界框的左上角，需点击参考点定位符左上角的方块。

移动变换的中心点

1️⃣ 根据下列主题选择变换命令,图像上便会出现定界框。

2️⃣ 拖移中心点。中心点可以位于操作者想变换的项目之外。

应用变换

"变换"子菜单下的命令可将以下变换应用到项目

● "缩放":相对于项目的参考点扩大或缩小项目。操作者可以水平、垂直或同时沿这两个方向进行缩放。

● "旋转":围绕参考点转动项目。默认情况下,该点位于对象的中心,但操作者也可以将它移动到另一个位置。

● "斜切":用于垂直或水平倾斜项目。

● "扭曲":用于向各个方向伸展项目。

● "应用透视":用于将单点透视应用到项目。

在 Photoshop 中,操作者可以在应用渐增变换之前连续执行几个命令。例如,可以选取"缩放"命令,拖移鼠标进行缩放,然后再选取"扭曲",拖移鼠标进行扭曲,然后按 Enter 键或 Return 键应用这两个变换。在 ImageReady 中,操作者可以使用"变换"→"数字"命令同时执行多种变换。

缩放、旋转、斜切、扭曲或应用透视

1️⃣ 选择要变换的对象。

2️⃣ 选取"编辑"→"变换"→"缩放"("旋转"、"斜切"、"扭曲"或"透视")。

若要变换形状或整个路径,"变换"菜单将改变成"变换路径"菜单。若要变换多个路径段,那么"变换"菜单将变成"变换点"菜单。

3️⃣ 在选项栏中,点击参考点定位符"中心点"图标上的方块。

4️⃣ 需执行以下一项或多项操作:

* 若选取"缩放",需拖移定界框上的手柄。拖移角手柄时按住 Shift 键可按比

图3-14 缩放

"缩放"对于项目的参考点扩大或缩小项目。操作者可以水平、垂直或同时沿这两个方向进行缩放。

图3-15 "旋转"围绕参考点转动项目

默认情况下，该点位于对象的中心；但操作者也可以将它移动到另一个位置。

图3-16 "斜切"用于垂直或水平倾斜项目

图3-17 "扭曲"用于向各个方向伸展项目

例缩放。当指针变为双箭头时，说明已定位到手柄上。

* 若选取了"旋转"，需将指针移到定界框之外，然后拖移。按 Shift 键可将旋转限制为按 15° 增量进行。

* 若选取了"斜切"，则需拖移边手柄可倾斜定界框。

* 若选取了"扭曲"，则拖移角手柄可伸展定界框。

* 若选取了"透视"，则拖移角手柄可向定界框应用透视。

* 对于所有类型的变换，都需在选项栏中输入数值。例如，要旋转项目，就要在"旋转"选项文本框中指定角度。

5 如国需要，通过在"编辑"→"变换"子菜单中选择命令来切换到其他类型的变换。

当变换位图图像时，每次提交变换，它都变得略为模糊，所以，在应用渐增变换之前执行多个命令要比分别应用每个变换更可取。

6 如对结果感到满意，需执行以下操作之一：

* 按 Enter 键 (Windows) 或 Return 键 (Mac OS)；点击选项栏中的"提交"按钮及"应用"按钮；或者在变换选框内点按两次。

* 若要取消变换，需按 Esc 键或点按选项栏中的"取消"按钮。

精确地翻转或旋转

1 选择要变换的对象。

2 选取"编辑"→"变换"并从子菜单中选取以下命令之一：

* "旋转 180°"：旋转半圈。

* "顺时针旋转 90°"：顺时针旋转四

分之一圈。

　　＊ "逆时针旋转 90°"：逆时针旋转四分之一圈。

　　＊ "水平翻转"：沿垂直轴水平翻转。

　　＊ "垂直翻转"：沿水平轴垂直翻转。

　　若要变换形状或整个路径，"变换"命令将变为"变换路径"命令。若要变换多个路径段（而不是整个路径），"变换"命令将变为"变换点"命令。

图3-18　"应用透视"用于将单点透视应用到项目

重复变换

　　选取"编辑"→"变换"→"再次"或"编辑"→"变换路径"→"再次"，或者选取"编辑"→"变换点"→"再次"。

变换项目时复制该项目

　　在选择"变换"命令的同时按住 Alt 键 (Windows) 或 Option 键 (Mac OS)。

同时应用多种变换 (ImageReady)

　　1　选择要变换的对象。

　　2　选取"编辑"→"变换"→"数字"。

　　3　执行以下一项或多项操作，并点击"好"按钮：

　　＊ 选择"位置"，并在 X（水平位置）和 Y（垂直位置）文本框中输入新位置的数值。选择"相对"则相对于当前位置指定新位置。

　　＊ 选择"缩放"。在"高度"和"宽度"文本框中输入尺寸，或在"缩放"文本框中输入缩放百分比。选择"约束比例"可保持长宽比。

　　＊ 选择"斜切"并在"水平斜切"和"垂直斜切"文本框中输入角度。

　　＊ 选择"旋转"。在"角度"文本框中输入旋转的角度，或将圆的中心拖移到文本框的右侧。

色彩调整工具全接触

使用色彩调整工具

　　所有 Photoshop 与 ImageReady 色彩调整工具的操作方式基本相似：将现有范围的像素值映射到新范围的像素值。提供的控制数量是这些工具的差异所在。

PHOTOSHOP全掌握

进行色彩调整

有两种调整图像色彩的方法。一种方法是从"图像"→"调整"子菜单中选取一个命令,此方法将永久性改变现用图层中的像素。

另一种更为灵活的方法是使用调整图层。调整图层可以在不必永久修改图像中的像素的条件下进行颜色与色调的调整。颜色与色调更改发生在调整图层里,该图层如一层透明膜,下层图像图层会通过它显示出来。需要注意的是必须使用 Photoshop 才能创建与编辑调整图层,但可以在 ImageReady中查看现有调整图层。

要打开色彩调整对话框

1 若要对图像的其中一部分进行调整,需选择该部分。若没有选择任何内容,调整命令会应用到全部图像。

2 执行以下操作之一:

* 选取"图像"→"调整",然后从子菜单中选取所需命令。

* 创建调整图层。

* 点击两次"图层"调板中现有调整图层的缩览图。

3 若要在接受前先查看图像中所做的调整,需在色彩调整对话框中选择"预览"。

若要取消更改但不关闭色彩调整对话框,需按住 Alt 键 (Windows) 或 Option 键 (Mac OS),将"取消"按钮更改为"复位",然后点击"复位"。这将使对话框重设为更改前的数值。

查看像素的颜色值

进行色彩校正时,可以使用"信息"调板与"颜色"调板查看像素的颜色值。在进行色彩调整时,这十分有用。例如,如果参考颜色值,就有助于中和色痕,或可提示操作者颜色的程度是否已接近饱和。

当使用色彩调整对话框时,"信息"调板显示指针下像素的两组颜色值,左栏中的值是像素原来的颜色值,右栏中的值是调整后的颜色值。

可以利用吸管工具来查看单个位置的颜色,或最多使用四个颜色取样器,显示图像中一个或多个位置的颜色信息。这些取样器存储在图像中,因此在工作时操作者可以随时参考,即使关闭后又重新打开图像。

使用"信息"调板和吸管工具或颜色取样器工具查看颜色值

1 选取"窗口"→"信息",打开"信息"调板。

2 选择吸管工具或颜色取样器工具,并根据需要在选项栏中选取样本的大小:

* "取样点":读取单一像素值。

* "3×3 平均":读取 3×3 像素区域的平均值。

图3-19 颜色取样器和"信息"调板

* "5×5 平均"：读取 5×5 像素区域的平均值。

③ 若选择了颜色取样器工具，那么最多可在图像上放置四个颜色取样器。点击要放置取样器的位置。

④ 打开调整对话框。

⑤ 在对话框中进行调整，并在应用前查看"信息"调板中颜色值的变化：

* 若要使用吸管工具来查看颜色值，需在要检查的图像区域上移动指针。打开调整对话框会在对话框外部启动吸管工具。操作者仍然可以通过使用键盘快捷键来访问滚动控件以及抓手工具和缩放工具。

* 若要查看颜色取样器里的颜色值，需查看"信息"调板的下半部分。若要在调整对话框打开时，在图像上放置另外的颜色取样器，需按住 Shift 键并点击图像。

移动颜色取样器

选择"颜色取样器"工具，并将取样器拖移到新位置。

删除颜色取样器

① 选择"颜色取样器"工具。

② 需执行以下任一操作：

* 将取样器拖移到文档窗口的外部。

* 按住 Alt 键 (Windows) 或 Option 键 (Mac OS)，当指针变为剪刀形状，然后再点按取样器。

* 按住右键 (Windows) 或按住 Control 键 (Mac OS) 并点击取样器，然后从上下文菜单中选取"删除"。

* 若要删除所有颜色取样器，需点击选项栏中的"清除"。

* 若要在调整对话框打开时删除颜色取样器，需按住 Alt+Shift 键 (Windows) 或 Option+Shift 键 (Mac OS) 并点击取样器。

隐藏/显示图像中的颜色取样器

选取"视图"→"显示额外内容"。复选标记代表正在显示颜色取样器。

图3-20 隐藏／显示图像中的颜色取样器

要更改"信息"调板中颜色取样器信息的显示

需执行以下任一操作:

● 若要显示或隐藏"信息"调板中的颜色取样器信息,就要从调板菜单中选取"颜色取样器"。复选标记表示正在显示颜色取样器信息。

● 若要更改颜色取样器用来显示值的色彩空间,请将指针移到"信息"调板中的颜色取样器图标上,按住鼠标按钮,然后从菜单中选取另一个色彩空间。

使用吸管工具和"颜色"调板查看颜色值

1 选取"窗口"→"颜色"打开"颜色"调板。

2 打开"颜色调整"对话框。此操作将在对话框外部、图像上方启动吸管工具。

3 点击要检查的图像像素。

4 在对话框中进行调整,并在应用之前查看"颜色"调板中调整的颜色值。

存储和重新应用设置

"色阶"、"曲线"、"色相/饱和度"、"匹配颜色"、"替换颜色"、"可选颜色"、"通道混合器"、"暗调/高光"和"变化"对话框中的"存储"和"载入"按钮允许存储设置并将其应用到其他图像。"匹配颜色"命令中存储和载入某个设置的步骤会稍有不同。

存储设置

1 在所使用的调整对话框中点击"存储"。

2 命名并存储设置。

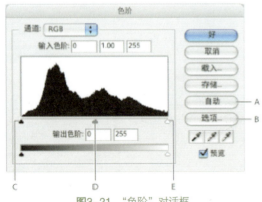

图3-21 "色阶"对话框

A. 应用自动颜色校正　B.打开"自动颜色校正选项"对话框　C.暗调　D.中间调　E.高光

应用存储的设置

在某个调整对话框中,点击"载入"。找到并载入已存储的调整文件。

提示

若图标频繁应用相同的调整,可以将这些调整作为动作记录下来,并运行或者创建快捷批处理。

色阶

使用"色阶"对话框

操作者可利用"色阶"对话框调整图像的暗调、中间调和高光等强度级别,校正图像的色彩平衡和色调范围。"色阶"直方图用作调整图像基本色调的直观参考。

使用"色阶"设置高光、暗调和中间调

外面的两个"输入色阶"滑块将黑场和白场映射到"输出"滑块的设置。在默认情况下,"输出"滑块位于色阶 0(像素为全黑)和色阶 255(像素为全白)。所以,在"输出"滑块的默认位置,移动黑场滑块会将像素值映射到色阶 0,移动白场滑块会将像素值映射到色阶 255。剪切像素将会导致剩余色阶在色阶 0 和 255 之间自行重新分布,从而增加图像的色调范围,实际上是增加了图像的总体对比度。

在进行暗调剪切时,像素是全黑状态,也就是没有细节显现。在剪切高光时,像素是全白状态,没有细节显现。

中间的"输入"滑块可用于调整图像的灰度系数。它会移动中间调(色阶 128),并更改灰色调的强度值,但不会明显改变高光和暗调。

要使用"色阶"调整色调范围

1 执行以下操作之一:

* 选取"图像"→"调整"→"色阶"。

* 选取"图层"→"新调整图层"→"色阶"。在"新建图层"对话框中点按"好"。

2 若要调整特定颜色通道的色调,需从"通道"菜单中选取选项。

若要同时将一组颜色通道进行编辑,需在选取"色阶"命令之前,按住 Shift 键在"通道"调板中选择这些通道。然后,"通道"菜单将显示目标通道的缩写。例如,CM 表示青色与洋红。该菜单还包含所选组合的个别通道。操作者可以分别编辑专色通道和 Alpha 通道。

3 若要手动调整暗调和高光,需执行以下操作之一:

* 将黑色和白色"输入色阶"滑块拖动到直方图的任意一端的第一组像素的边缘。例如,若将黑场滑块向右移动到色阶

图3-22 在调整黑场和白场前后执行的操作

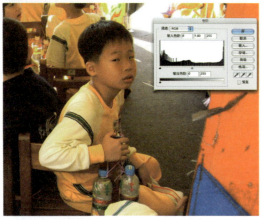

图3-23 移动中间的滑块会调整图像的灰度系数

5，就会通知 Photoshop 将色阶不高于 5 的所有像素映射到色阶 0。同样，若将白场滑块向左移动到色阶 243，就会通知 Photoshop 将色阶不低于 243 的所有像素映射到色阶 255。映射过程只影响每个通道中的最暗和最亮像素。其他通道中的相应像素按比例调整以避免改变色彩平衡。

注释

也可以直接在第一个和第三个"输入色阶"文本框中输入值。

＊ 拖动黑色和白色"输出色阶"滑块来定义新的暗调和高光数值，也可直接在"输出色阶"文本框中输入值。

还可以通过点击"自动"来自动调整暗调和高光。在 Photoshop 中，通过点击"自动"可在"自动颜色校正选项"对话框中指定设置。

若图像需要进行中间调校，需使用中间的"输入"滑块来进行灰度系数调整。向左移动中间的"输入"滑块将使整个图像变亮。它将较低（即较暗）的色阶向上映射到"输出"滑块之间的中点色阶。若"输出"滑块位于其默认位置（0 和 255），那么中点将是色阶 128。在此例中，将暗调扩展至填充介于 0 ~ 128 的色调范围，并对高光进行了压缩。将中间的"输入"滑块向右移动会产生相反的效果，使图像变暗，也可以直接在中间的"输入色阶"文本框中输入灰度系数调整值。

＊ 点按"好"。

使用"色阶"保留高光和暗调细节以进行打印

"输出色阶"滑块用于设置暗调与高光色阶，以便将图像压缩到小于 0 ~ 255 的范围。当在已知其特征的印刷机上打印图像时，使用此调整功能可保留暗调与高光细节。比如，假定值为 245 的高光中有重要的图像细节，而要将图像发送到印刷机则无法保持小于 5% 的网点。使用者可将高光滑块拉至色阶242，也就是印刷机上 5% 的网点，以便将高光细节由 245 移到 242。这样，高光细节就可以在这台特定的印刷机上正确印刷了。

使用"色阶"调整颜色（Photoshop）

除设置色调范围外，还可以使用"色阶"调整图像的色彩平衡。

使用"色阶"调整色彩平衡

1 将颜色取样器置于图像的中性灰色区域上方。

2 要打开"色阶"对话框，需执行以下操作之一：

* 选取"图像"→"调整"→"色阶"。

* 选取"图层"→"新调整图层"→"色阶"。在"新建图层"对话框中点击"好"。

3 要中和色痕，需执行以下操作之一：

* 在"色阶"对话框中点击两次"设置灰场"吸管工具，以使 Adobe 拾色器显示出来。输入要给中性灰色指定的颜色值，然后点击"好"。然后点击图像中的颜色取样器。

* 点击"色阶"对话框中的"选项"。点击"中间调"色板，使 Adobe 拾色器显示出来。输入要给中性灰色指定的颜色值，然后点击"好"。运用这种方法有一个好处，便是可以将指定值的预览效果显示出来。

图3-24 在调整"输出色阶"以设置暗调和高光细节前、后要执行的操作

一般情况下，指定相等的颜色分量值可获得中性灰色。例如，在 RGB 图像中指定相等的红色、绿色和蓝色值以产生中性灰色。

曲线

使用"曲线"对话框（Photoshop）

与"色阶"对话框相似，"曲线"对话框也是用来调整图像的整个色调范围。利用"曲线"，可以在图像的整个色调范围（从暗调到高光）内最多调整 14 个不同的点，而不是只使用三个调整功能（白场、黑场、灰度系数）。也可使用"曲线"对图像中的个别颜色通道进行精确的调整。可以存储在"曲线"对话框中所作的设置，以供其他图像使用。

PHOTOSHOP全掌握

关于"曲线"对话框

当"曲线"对话框打开时,曲线呈一条直的对角线形态。图表的水平轴表示像素("输入"色阶)原来的强度值;垂直轴表示新的颜色值。

在默认情况下,"曲线"对于 RGB 图像显示从 0~255 的强度值,黑色 (0) 位于左下角;对于 CMYK 图像显示从 0~100 的百分比,高光 (0%) 位于左下角。要反向显示强度值和百分比,需点击曲线下方的双箭头图标。现在,对于 RGB 图像,0 将位于左下角,对于 CMYK 图像,0% 将位于右下角。

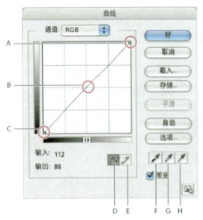

图3-25 "曲线"对话框

A. 高光 B.中间调 C.暗调 D. 通过添加点来调整曲线 E. 用铅笔绘制曲线 F.设置黑场 G.设置灰场H.设置白场

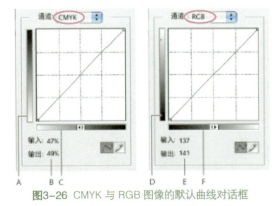

图3-26 CMYK 与 RGB 图像的默认曲线对话框

A. CMYK 色调输出条的默认方向 B. CMYK 的"输入"和"输出"值以百分比表示 C.CMYK 色调输入条的默认方向 D. RGB 色调输出条的默认方向 E. RGB 的"输入"和"输出"值以强度色阶表示 F. RGB 色调输入栏的默认方向

打开"曲线"对话框

1 执行以下操作之一:

* 选取"图像"→"调整"→"曲线"。

* 选取"图层"→"新调整图层"→"曲线"。在"新建图层"对话框中点按"好"。

2 若要使"曲线"网格更为精细,需按住 Alt 键 (Windows) 或 Option 键 (Mac OS),然后点击网格。再次按住 Alt 键 (Windows) 或 Option 键 (Mac OS) 之后点击便可以使网格变大。

用"曲线"调整颜色和色调

在"曲线"对话框中更改曲线的形状可改变图像的色调与颜色。调动曲线向上弯曲将使图像变亮,反之,曲线向下弯曲会使图像变暗。曲线上比较陡直的部分代表图像对比度较高的部分。相反,曲线上相对比较平缓的部分代表图像对比度较低的区域。

在"曲线"对话框的默认状态下,移动曲线顶部的点主要作用是调整高光;移动曲线中间的点主要是调整中间调;移动曲线底部的点主要是调整暗调。将点向下或向右移动会将"输入"值映射到较小的"输出"值,并会使图像变暗。反之,将点向上或向左移动会将较小的"输入"值映射到较大的"输出"值,会使图像变亮。因此,若希望将暗调调亮,可以向上移动靠近曲线底部的点。而且,若希望使高光变暗，可以向下移动靠近曲线顶部的点。

用"曲线"调整色彩和色调的具体步骤

1. 打开"曲线"对话框。

2. 要调整图像的色彩平衡，需从"通道"菜单中选取要调整的通道或多个通道。

若要同时编辑一组颜色通道，需在选取"曲线"之前，按住 Shift 键在"通道"调板中选择通道。然后，"通道"菜单会显示目标通道的缩写，比方说，CM表示青色和洋红。该菜单还包含所选组合的个别通道。但需要特别注意的是该方法不适用于"曲线"调整图层。

3. 通过执行下列操作之一，在曲线上添加点：

* 直接在曲线上点按。

* （仅限 RGB 图像）按住 Ctrl 键 (Windows) 或按住 Command 键 (Mac OS) 点按图像中的像素。

若希望保留或调整图像中的特定细节，添加点的最好方法是按住 Ctrl/Command 键点按图像中的像素。

图3-27 "曲线"调整色彩和色调

最多可以向曲线中添加 14 个控制点。若要删除一个控制点，要将其拖出图表，选中后按 Delete 键，或按住 Ctrl 键 (Windows) 或 Command 键 (Mac OS) 并点按该点。需注意不能删除曲线的端点。

按住 Ctrl 键 (Windows) 或按住 Command 键 (Mac OS)点按图像的三个区域，给曲线添加点。默认情况下，向左或向上移动点会增加色调值，向右或向下移动点会减小色调值。使高光变亮以及使暗调变暗则由 S 曲线表示，此时图像的对比度增加。

要确定 RGB 图像中最亮和最暗的区域，需在图像上拖移。"曲线"对话框中会显示指针所指区域的强度值及其在曲线上的相应位置。在 CMYK 图像上拖移指针会在"颜色"调板上显示百分比（若它正在显示 CMYK 值）。

4. 通过执行以下操作之一来调整曲线的形状：

* 点击某个点，拖移曲线，直至得到满意的外观图像。

* 点击曲线上的某个点，然后在"输入"和"输出"文本框中输入值。

　　* 选择"曲线"对话框底部的铅笔，然后拖动来绘制新曲线。可以按住 Shift 键将曲线约束为直线，然后点击以定义端点。完成后，如果想使曲线平滑，请点按"平滑"。

　　曲线上的点保持锚定状态，直到移动它们。所以，可以在不影响其他区域的情况下，在某个色调区域中进行调整。

　　大多数情况下，在对大量图像进行色调和色彩校正时只需进行较小的曲线调整。

"曲线"对话框中的快速调整

　　点按"自动"按钮会应用"自动颜色"、"自动对比度"或"自动色阶"校正，具体情况取决于"自动颜色校正选项"对话框中的设置。"曲线"对话框还包括用来调整图像的颜色与色调的吸管工具。

曲线的键盘快捷方式

下面的快捷键与"曲线"对话框一起使用

● 在图像中按住 Ctrl 键 (Windows) 或 Command 键 (Mac OS) 并点按，可以设置"曲线"对话框中指定的当前通道中曲线上的点。

● 在图像中按住 Shift+Ctrl 键 (Windows) 或 Shift+Command 键 (Mac OS) 并点击，可以在每个颜色成分通道中（但不是在复合通道中）设置所选颜色曲线上的点。

● 按住 Shift 键并点按曲线上的点可以选择多个点。所选的点以黑色填充。

● 在网格中按住 Ctrl+D 键 (Windows) 或 Command+D 键 (Mac OS)，可以取消选择曲线上的所有点。

● 按箭头键可移动曲线上所选的点。

● 按 Ctrl+Tab 键 (Windows) 或 Control+Tab 键 (Mac OS) 可以在曲线上的控制点中向前移动。

● 按 Shift+Ctrl+Tab 键 (Windows) 或 Shift+Control+Tab 键 (Mac OS) 可以在曲线上的控制点中向后移动。

亮度/对比度

使用"亮度/对比度"命令

　　使用"亮度/对比度"命令，可以对图像的色调范围进行简单的调整。但对于高端输出，由于使用"亮度/对比度"命令可能导致丢失图像细节的状况出现，因此建议适度的斟酌使用。关于"曲线"和"色阶"，此选项会根据使用者设置的是黑场/白场还是灰度系数，给图像中的像素应用成比例的调整（非线性调整），与它们不同的是，使用此命令会对图像中的每个像素进行相同的调整（线性调整）。

使用"亮度/对比度"命令的具体步骤

1 执行下列操作之一：

* 选取"图像"→"调整"→"亮度/对比度"。

* 选取"图层"→"新调整图层"→"亮度/对比度"。在"新建图层"的对话框中点击"好"。

2 拖移滑块调整亮度和对比度。

降低亮度和对比度则向左拖移，增加亮度和对比度则向右拖移。亮度值或对比度值会显示在每个滑块值的右边，其数值范围可以从 –100 至 +100。

图3-28 亮度／对比度命令

色相/饱和度

使用"色相/饱和度"命令

在 Photoshop 中，此命令尤其适用于调整 CMYK 图像中的特定颜色，以便它们包含在输出设备的色域内。使用"色相/饱和度"命令，能够调整图像中特定颜色分量的色相、饱和度和亮度，或者是同时调整图像中的所有颜色。

可以存储和加载"色相/饱和度"对话框中的设置，以供其他图像重新使用。

使用"色相/饱和度"命令的具体步骤

1 执行下列操作之一：

* 选取"图像"→"调整"→"色相/饱和度"。

* (Photoshop) 选取"图层"→"新调整图层"→"色相/饱和度"。在"新建图层"对话框中点击"好"。

有两个颜色条会在对话框中显示，上面的颜色条显示调整前的颜色，而下面的颜色条显示调整如何以全饱和状态影响所有色相。它们以各自的顺序表示色轮中的颜色。

2 使用"编辑"弹出菜单选取要调整的颜色 (Photoshop)：

* 选取"全图"可以一次调整所有颜色。

* 为要调整的颜色选取列出的其他一个预设颜色范围。

3 可直接拖移滑块，直至出现需要的颜色，或对于"色相"，输入一个值来取得颜色。

文本框中所显示的值反映像素原来的颜色在色轮中旋转的度数。数值的范围为 –180 ～ +180。顺时针旋转表示正值，逆时针旋转表示负值。

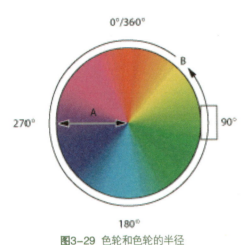

0°/360°

B

270° A 90°

180°

图3-29 色轮和色轮的半径

A. 饱和度 B. 色相

④ 可将滑块向右拖移增加饱和度，向左拖移减少饱和度；或直接输入一个值来更改"饱和度"。

颜色值的范围可以是 –100（饱和度减少的百分比，使颜色变暗）到 +100（饱和度增加的百分比）。相对于所选像素的起始颜色值，颜色自色轮中心向外移动，或自外向色轮中心移动。

⑤ 亮度值的范围可以是 –100（黑色的百分比）到 +100（白色的百分比）。对于"亮度"的调整与使用，可直接输入一个值，或者向右拖移滑块以增加亮度（向颜色中增加白色），亦或向左拖移以降低亮度（向颜色中增加黑色）。

若是点击"复位"按钮可取消"色相/饱和度"对话框中的设置。而按 Alt 键 (Windows) 或 Option 键 (Mac OS) 可将"取消"按钮更改为"复位"。

指定或修改正在"色相/饱和度"命令（Photoshop）中调整的颜色范围

① 执行下列操作之一：

* 选取"图像"→"调整"→"色相/饱和度"。

* 选取"图层"→"新调整图层"→"色相/饱和度"(Photoshop)。在"新建图层"对话框中点击"好"。

② 在"色相/饱和度"对话框中，从"编辑"菜单中选取个别颜色。

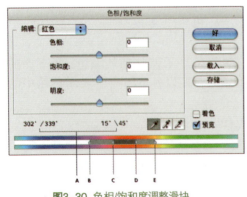

图3-30 色相/饱和度调整滑块

A. 色相滑块值 B. 调整衰减而不影响范围 C. 调整范围而不影响衰减 D. 移动整个滑块 E. 调整颜色成分的范围

此对话框中会显示出四个色轮值，皆以度数来表示。它们与出现在这些颜色条之间的调整滑块相对应，两个外部的三角形滑块显示：在调整颜色范围时在何处"衰减"，此指羽化或锥化调整，而不是精确定义是否应用调整。另外两个内部的垂直滑块定义颜色范围。

③ 使用吸管工具或调整滑块来修改颜色范围。

使用吸管工具在图像中点击或拖移以选择颜色范围。要缩小颜色范围时，请用"从取样中减去"按钮，在图像中点击或拖移。而想要扩展颜色范围时，请用"添加到取样"按钮，在图像中点击或拖移。当吸管工具被选中时，也可以按 Shift 键来添加到范围，另外，按 Alt 键 (Windows) 或 Option 键 (Mac OS) 则能从范围中去除。

执行下列操作之一来调整滑块

● 拖移其中一个白色三角形滑块，以调整颜色衰减量（羽化调整）而不影响范围。

● 拖移三角形和竖条之间的区域，以调整范围而不影响衰减量。

● 拖移中心区域来移动整个调整滑块（包括三角形和垂直条），从而选择另一个颜色区域。

● 通过拖移其中的一个白色垂直条来调整颜色分量的范围。将垂直条移近调整滑块的中心并使其远离三角形，可缩小颜色范围并增加衰减；而从调整滑块的中心向外移动垂直条，并使其靠近三角形，可增加颜色范围并减少衰减。

● 按住 Ctrl 键(Mac OS使用者则按住Command 键) 拖移颜色条，让颜色条的中心呈现不同的颜色。

使用者修改调整滑块，使它归入不同的颜色范围，则其在"编辑"菜单中的名称改变会反映这个变化。比如选取"红色"并改变它的范围，让它归入颜色条的黄色部分，它的名称可更改为"黄色 2"。使用者可将多达六个单独的颜色范围转换为多个相同的颜色范围（例如，"黄色"到"黄色 6"）。

一般来说，在默认情况下，若不想在图像中产生带宽，就必须认识到选取颜色成分时所选的颜色范围是30°宽——即两头都有 30° 的衰减。因为衰减设置得太低便会产生此问题。

要对灰度图像着色或创建单色调效果

1 要对灰度图像进行着色动作，可选取"图像"→"模式"→"RGB 颜色"，然后把图像转换为 RGB模式。

2 若想打开"色相/饱和度"对话框便进行下列步骤之一：

＊ 由菜单中选择"图像"→"调整"→"色相/饱和度"指令。

＊ 选择"图层"→"新调整图层"→"色相/饱和度"，接着在"新建图层"对话框中点击"好"。

3 选择"着色"选项。若前景色为黑色或白色，此时图像会转成红色色相 (0°)。若前景色并非黑色或白色，将会让图像转换成当前前景色的色相状况，且每个像素的明度值均不呈现变动。

4 也可以用"色相"滑块选择新的颜色，再使用"饱和度"和"明度"滑块来调整像素的饱和度和明度。

PHOTOSHOP全掌握

调整图层使用

使用调整图层和填充图层

充分利用图层本身独特的性质将会让作品呈现多元化，比如充分灵活运用调整图层和填充图层。若想试用颜色和应用色调调整，就可以通过调整图层来达到对图像变化的要求；若要额外添加颜色、图案和渐变图素，便可以使用填充图层的功能。甚至是使用者对结果改变了主意，都可随时进行编辑、删除调整或填充动作。

关于调整图层和填充图层

利用Photoshop的图层透明特性，使用者可以在图层内进行颜色的试用或色调调整，而不用担心因为做此动作而永远更改原图像。因为颜色和色调更改都是位于调整图层内，该图层像一层透明膜一样，下层图像图层可以通过它显示出来。但要注意的是：对图层进行调整将会影响它下面的所有图层，所以使用者可利用此特性，通过单个调整校正多个图层，而不需要分别对每个图层进行调整动作。

进行调整图层的动作只能在 Photoshop 中应用和编辑，在 ImageReady 中则可以查看它们。

而在填充图层的使用上，它与调整图层不同，并不会影响它们下面的图层。使用者可用纯色、渐变或图案来填充图层。

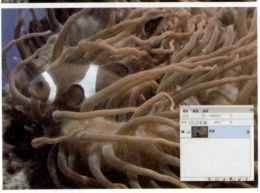

图3-31 原来的图层及调整图层

创建调整图层或填充图层

与图像图层相同的是，调整图层和填充图层也有不透明度和混合模式选项，也可以像它那样进行重排、删除、隐藏和复制动作。而在默认情况下，图层缩览图左方的蒙版图示可看到调整图层和填充图层有图层蒙版。若在创建调整图层或填充图层时路径处于现用状态，创建的将是向量蒙版而非图层蒙版。

若希望把调整图层的效果限制在一组图层内，可创建由这些图层组成的剪贴蒙版。此时可把调整图层放到此剪贴蒙版内，或是放到它的基底上，调整就被限制在该组中的图层内。或者可以创建图层组，而且让该组使用除"穿透"外的任何其他混合模式。

创建调整图层或填充图层的具体步骤

1 进行下列操作之一：

* 点击图层调板底部的"新调整图层"按钮，选取要创建的图层类型。

* 由菜单中选择"图层"→"新填充图层"，再由子菜单中选取选项，然后命名、设置其他图层选项，再点击"好"按钮。

建立选区，创建一条闭合路径并选中它，或选中现有的闭合路径，可将调整图层或填充图层的效果限制在所选区域内。使用选区时，则会创建一个由图层蒙版限制的调整图层或填充图层。使用路径时，便会创建一个由矢量蒙版限制的调整图层或填充图层。

图3-32 调整图层和填充图层

A. 仅限制在"日志"主图层的调整图层　B. 图层缩览图
C. 影响它下面的所有图层的填充图层　D. 图层蒙版

2 从下面的图层属性中选取，然后点击"好"。

纯色：指定一种颜色。

渐变：点击渐变弹出"渐变编辑器"，也可点击反向箭头图示，然后在弹出式调板中选取渐变。若是另有需要，可设置其他选项：

"样式"：可以指定渐变的形状。

"角度"：应用渐变时使用角度的指定。

"缩放"：能由此更改渐变的大小。

"反向"：可翻转渐变的方向。

"仿色"：通过对渐变应用仿色减少带宽。

"与图层对齐"：可以运用图层的定界框来计算渐变填充。或是在图像窗口中点击并拖移，便可以使用鼠标移动渐变的中心。

图案：点击图案后从弹出式调板中选取图案。点击"缩放"且输入所需数值，或拖移滑块来实现图案的缩放。点击"贴紧原点"便可以用文件窗口的原点来定位图案的原点。若是选择"与图层链接"，便可指定图案在重新定位时，能同时与填充图层进行移动。要是选中"与图层链接"，当"图案填充"对话框打开时，就可以通过拖移在图像中定位图案。

色阶：指定暗调、高光和中间调的值。

曲线：根据 0~255 的比例，对像素的强度值进行调整，且与另外 15 个常量值保持一致。

色彩平衡：将滑块拖移到图像中需要增加的颜色处；也可以将滑块拖离到要在图像中减少的颜色的地方。

亮度/对比度：指定"亮度"和"对比度"的值。

色相/饱和度：选取要编辑的颜色，然后指定"色相"、"饱和度"、"亮度"的数值。

可选颜色：对需要调整的颜色做选取，再拖移滑块来增加或减小所需颜色中的分量。

通道混和器：修改颜色通道。

渐变映射：设置渐变选项并且可选取渐变。

照片滤镜：若欲进行色彩调整，可通过模拟相机镜头前滤镜的效果来进行。

反相：反相调整图层没有选项。

阈值：指定阈值色阶。

色调分离：指定每个颜色通道的色调色阶数。

编辑调整图层或填充图层

使用者在Photoshop中创建调整图层或填充图层后，通过编辑这些设置就能快速达到目的，或是用不同的填充类型或调整类型动态地替换它们。甚至可以编辑调整图层或填充图层的蒙版来控制图层在图像上具有的效果。一般在默认情况下，这状况是会被显示出来的，这是因为调整图层或填充图层的所有区域均属"无蒙版的"状态。

编辑调整图层或填充图层的具体步骤

1 参考下列操作之一：

* 从菜单中选取"图层"→"图层内容选项"。

* 在图层调板中双击调整图层或填充图层的缩览图。

2 进行所需的调整，再点击"好"。注意：反相调整图层没有可编辑的设置。

更改调整图层或填充图层的内容

1 对于要更改的调整图层或填充图层进行选择。

2 选择"图层"→"更改图层内容"，然后从列表中选择一个不同的填充图层或调整图层。

合并调整图层或填充图层

合并调整图层或填充图层的方式有许多种：与本身的编组图层中的图层合并、与下面的图层合并、与链接到的图层合并，以及与所有其他可见图层合并。但要注意的是，不可以将调整图层或填充图层当作合并的目标图层。另外，当调整图层或填充图层与其下方的图层合并后，调整将被栅格化且永久应用于合并的图层内。但是也可以栅格化填充图层而不合并它。

所以若是蒙版只包含白色值，则蒙版所在的调整图层和填充图层就不会明显地造成文件的大小负担，也因此无需为节省文件空间而合并这些调整图层。

减淡工具

减淡工具：将图像亮度增强，颜色减淡。

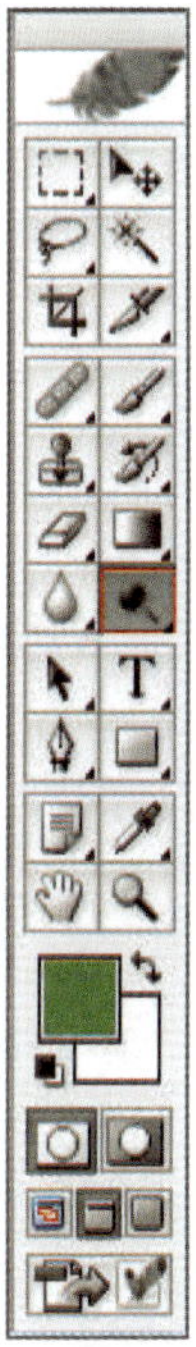

PS中关于加深减淡工具的把握

鉴于许多新手在进行计算机手绘时的作品并非理想，其主要原因绝大多数都在加深减淡时对压力（也就是曝光度）和模式（高光、中间调、暗调）没有认知，不能很好地掌握它们。下面介绍这些技巧。

压力（即曝光度）

一般压力控制尽量限定在10%以内。这是因为压力过大会让涂出来的效果过于明显，甚至让颜色带有不均匀的脏暗感。此时若将压力设小，效果便不致于过度明显。再通过反复涂抹的动作，或者用模糊来进行处理。

模式（高光、中间调、暗调）

图3-33 减淡工具

● 加深时模式的工作原理

使用高光模式加深时，被选择加深的地方饱和度便会降低，且呈现灰色状态，随着压力增加灰色会更趋明显，以致画面颜色呈现脏暗感。

● 减淡时模式的工作原理

若是用高光模式减淡时，被减淡的地方饱和度会增高。例如在高光模式下使用减淡功能，红色会转为橙色，橙色则会转为黄色。

使用暗调模式减淡时，被减淡的地方饱和度则会降低，且同一颜色经过反复涂刷之后会变成白色，而不掺杂其他的颜色。

若使用中间调模式减淡时，被减淡的目标颜色会比较柔和，饱和度也显得较正常。

调整色彩总结

对于使用者来说，通过Photoshop 和 ImageReady 工具可有效修复、增强和校正图像中的颜色和色调（亮度、暗度和对比度）。但是在调整颜色与色调之前，下列一些事项仍必须思考：

● 对于编辑关键图像这部分，有效使用经过校准和配置的显示器，是绝对必要的。不然使用者在显示器上看到的图像会与印刷时不同。

● 由于使用者调整图像的颜色或色调时，某些图像信息会损失；在应用于图像的校正量时最好要谨慎考虑。

● 为了尽可能多地保留重要的作品图像数据，最好使用每个信道 16 位的图像（16 位图像），而非使用每个信道 8 位的图像（8 位图像）。这是因为与 16 位图像相比，使用者调整色调和颜色并丢弃图像数据时，8 位图像将会丢失更多的图像信息。而 Photoshop CS 已对 16 位图像的支持进行改进，一般来说，16 位图像文件比 8 位图像的文件大。

若使用者在 Photoshop 和 ImageReady 之间来回切换时，请注意以下状况：

在 ImageReady 的情况下会将 16 位图像转换为 8 位进行编辑。当文件在 ImageReady 中存储后将永久转换为 8 位，而且丢失的数据将无法恢复。若是在 ImageReady 中编辑 16 位图像且尚未存储，便可以返回到 Photoshop，图像将以 16 位形式打开，且不会丢失数据。

● 拷贝或复制图像文件。在使用原始状态的图像时，可以使用图像的拷贝来保留原件。

● 在调整颜色和色调之前，请移去图像中如尘斑、污点和划痕的任何缺陷。

● 使用调整图层可调整图像的色调范围和色彩平衡，而非对图像的图层本身直接应用调整。使用者可以通过此功能返回，并能进行连续的色调调整，且无需扔掉图像图层中的数据。这是由于使用调整图层会增加图像的文件大小，在此情况下需要计算机有更大的内存。

● 当使用者欲评估和校正图像时，可在扩展视图中打开"信息"或"直方图"调板，其上都会针对使用者的调整显示重要的回馈信息。

● 另外，使用者可以通过建立选区，或是使用蒙版来使颜色和色调调整局限在图像的一部分。另一种应用颜色和色调调整的方法便是可用不同图层上的图像分量来设置文档。而颜色和色调调整一次只能应用在一个图层上，而且只影响目标图层上的图像分量。

第四章
文字处理

文本工具的使用

文本工具简介

　　Photoshop中的文本工具是以"数学方式"的形式所组成，此形式可用于呈现字体（包含字母、数字及符号），这些组成又可应用在一种以上的格式中，例如最常使用的格式有Type1（也称为Post Scrip）、True Type、Open Type、New CID及CID非保护字体（此种仅限使用于日文）。

　　Photoshop的字符由像素（pixel）所组成，与原先设定的图像有一样的分辨率，即放大字符之后，画面中的文字会出现锯齿状的边缘。尽管如此，Photoshop和Image Ready仍然保留了矢量的文字轮廓，并在以下情况时会使用到：调整及缩放文字大小、存储PDF及EPS文件及将图像打印到Post Script打印机，但是这些情况所生成的文字依然有可能携带与分辨率无关的锋利边缘。

创建文本

　　点击Photoshop工具箱中的文本工具，便可在图像上的任何位置创建直排或横排文字，也可以输入段落文字，这样文字会依照定界框的尺寸大小进行换行，此方法在一个或多个段落的文字形式及其格式设定中是非常有用的，或者也可以输入文字，使每行文字都是独立的（可增加或缩短，但不会默认换行），这种方式对于输入单个字符或是单行字符非常好用，另外，也可以自行创建文字形状的选框。

　　当在画面中开始创建文字时，"图层"的调板中便会默认添加一个新的文字图层，仅有在"多通道"、"位图"、"索引颜色"等情况时，文字会直接显示在图像背景上，调板中不会出现独立的文字图层。

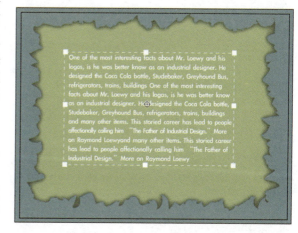

图4-1　以点文字形式输入的文字（顶部）和在定界框中输入的文字

使用"字符"控制面板

字符的控制面板位于"窗口"→"字符"位置，提供设定字符的各种选项及功能。当需要修改字符格式时，先要选择这些字符，可视图像设计需求选取单个、多个或段落字符。

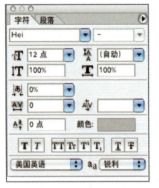

图4-2 "字符" 控制面板

如何选择字符呢？请进行下列操作步骤：

1 点击文本工具（视原本设置状态），选择横排文字工具或竖排文字工具。

2 直接选择图层调板中的文字图层，或在文本流中进行点击，即可自动选择文字图层。

3 点击文本中要选择的文字开头，定位插入点，接着执行下列方式之一：

 * 拖移：可以选择单个、多个或整段字符。

 * 加按Shift键：可选择该文本图层内的字符。

 * 工具栏中"选择"→"全部"，便可选择该图层内的所有字符。

 * 在文本图层内双击一个字便可以选择该字；连续点击3次可选择该行；连续点击4次可选择该段；连续点击5次则可选择该图层内（或是定界框内）的全部字符。

 * 若用"箭头键"选择字符的话，则在该文本中点击并同时加按Shift键，并按左箭头或右箭头键。若要选择字，请按住Shift＋Ctrl键（Windows）或Shift＋Command键（Mac OS），并按左箭头或右箭头键。

4 想要选择文本图层内的全部字符，但又不想在文本流中定位插入点，则选择图层调板中的文本图层，连点两次图标"T"。

注释

使用Photoshop文本图层及其格式设置，会让文字处于编辑的状态。

显示或隐藏选区高光显示（Image Ready）

在使用Image Ready时，执行以下操作之一，便可达到"显示（或隐藏）选区高光显示"的目的：

● 选择"视图"→"显示"→"文本选区"。

● 选择"视图"→"额外内容"，此命令可以显示或隐藏子菜单中所有被选中的选项。

使用"字符"调板

"字符"调板位置在字符控制面板中，主要功能是设定字符格式的各种选项，当然也包含各种格式化的选项。

显示"字符"调板

如何显示字符"调板？请使用下列操作之一：

● 点击"窗口"→"字符"即可出现；或是当该调板已出现在桌面上，但不是目前的调板时，则点击"字符"调板选项卡即可。

● 点击工具箱中的文本工具后，接着点击选项栏中的"调板"按钮。

选取字体

Photoshop 中的字体是一系列拥有相同粗细程度及样式的字符（包含字母、符号与数字）。因此在选择字体时，可再细项选择字体及样式，以呈现最佳的设计状态。所谓的"字体"，指的是整体字样设计的集合，如汉仪系列、Times等；而"样式"则是指字体的变化版，如"常规"、"粗体"、"斜体"等，应用的范围因设计需求而有所不同。但若是某一系列的字体并不包含设计上所需的样式的话，那么可以利用"仿"样式，再通过粗体、斜体、上下标、大写或小写字母样式的仿真版进行设计。

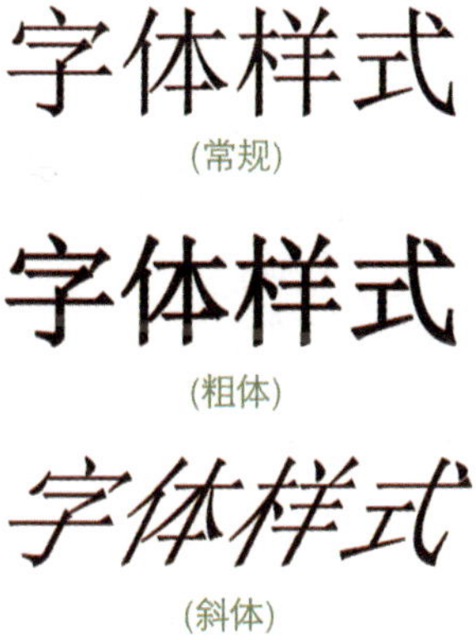

字体样式
(常规)

字体样式
(粗体)

字体样式
(斜体)

图4-3 字体

Photoshop 的字体除了系统本身具备之外，还可以使用本地文件夹中的字体（fonts）文件：

Windows 使用者请参照：Program Files/Common Files/Adobe/Fonts。

Mac OS 使用者请参照：Library/Application Support/Adobe/Fonts。

需注意的是，若是本地的Fonts文件夹中安装有Type 1、True Type、Open Type或CID字体时，那么该字体只会出现在Adobe的应用程序内。

选取字体系列和样式

1 字体系列从"字符"调板或是选项栏里"字体系列"的弹出式菜单中选取。若计算机系统安装一种以上的同种字体副本，那么该字体名称后面就会有英文缩写，如"T1"表示Type 1、"TT"表示True Type、"OT"表示Open Type。

此部分还有另一种方式，可以在文本框中输入名称以选取需要的字体及样式，例如输入一个字母便会出现该字母开头的字体或样式名称，接着可继续输入其他字母，直到显现正确的字体或样式名称，此方式可确保在图像中输入文字前取消选择字体的名称。

2 想要选择字体样式，则执行下列操作之一：

* 由"字符"调板中或是选项栏里的"字体样式"弹出菜单中选择想要的字体样式。

* 若选取的字体中没有粗体或斜体样式的话，则点选"字符"调板中的"仿"系列按钮，应用到以呈现的仿真样式。或是从"字符"的调板菜单中点选"仿粗体"或"仿斜体"等。

* 利用动态快捷键进行选择，但仅限于使用在编辑模式中。其包含"仿粗体/斜体"、"全部/小型大写字母"、"上/下标"及"下划线"与"删除线"等。需留意不能使"仿粗体"应用在变形文字里。

选取文字大小

不论使用何种绘图或编排软件，文字大小的选择将影响文字在图像中显示的尺寸。首先，在Photoshop中，系统默认的文字单位为"点"，而一个"Post Script点"的大小相当于72dpi图像中的1/72英寸，不过可以和传统"点"的定义相互切换。若要更改系统默认的文字单位时，可在"预置"对话框中的"单位和标尺"区域中进行更改。

而在Image Ready中的"像素"是主要且唯一的文字单位，原因在于Image Ready这套程序是专门为联机查看图像而设计的，在此种环境中的标准单位即为"像素"。

选取文字大小

"字符"调板（或选项栏）中，在"大小"空格内输入（或选择）一个数值。在 Photoshop 中需使用替代的单位，那么便在"大小"数值后面直接输入单位，如英寸（inch）、厘米（cm）、毫米（mm）、像素（pixel）等，而输入的数值便会自动转为默认的单位。

图4-4 选取文字大小

如何在Photoshop中设定默认的文字单位？

请依序执行以下的操作方式：

1 Windows使用者，可选择"编辑"→"预置"→"单位与标尺"；Mac OS使用者，选择"Photoshop"→"预置"→"单位与标尺"。

2 接着开始选择文字的单位。

如何在 Photoshop 中设定点大小的定义

请依序执行以下的操作方式：

1 Windows 使用者，可选择"编辑"→"预置"→"单位与标尺"；
Mac OS使用者，点击选择"Photoshop"→"预置"→"单位与标尺"。

2 在"点/派卡大小"中选择合适的选项。请注意，Post Script 点略大于传统的点。

更改文字颜色

文字颜色在文字输入时便会默认为前景色，若想更改文字颜色，可在文字输入前或后进行更改。而在编辑该文字图层时，可更换图层中个别选取的字符，或是全文的颜色。详细操作方式如下，可择其一执行：

1️⃣ 使用Photoshop时，点击选项栏（或字符调板）中的"颜色"选项，接着使用拾色器选取想要的颜色。若是使用Image Ready，则是在"颜色"的弹出菜单中选择前景色、背景色或使用拾色器点击想要的颜色。

2️⃣ 可以使用颜色填充快捷键，使上色速度更具有效率。例如要填充前景色时，按Alt+Backspace键（Windows）或Option+Delete键（Mac OS）；填充背景色时，则按Ctrl+Backspace键（Windows）或Command+Delete键（Mac OS）即可。

图4-5　更改文字颜色

3️⃣ 文字图层也可以使用叠加图层的概念，应用颜色、渐变、图案等方式在现有的颜色上，此部分要注意的是，若是在文字图层中使用叠加图层样式的话，会影响到文字图层中的所有字符，但是并不能用这种方式对每个字符进行颜色的更改。

4️⃣ 先选取好要更改颜色的字符，直接在工作箱中点击前景色的选区框，用拾色器选择合适的颜色；或是点击"颜色"、"色板"调板中的颜色进行更改。使用Image Ready时则是点击"颜色表"调板里的颜色。

5️⃣ 在Image Ready里要使用颜色叠加样式时，可从工具箱的颜色选取框、颜色（表）调板或色板调板中将颜色作拖移的动作，放置在文字图层里即可。

指定行距

所谓"行距"指的是文字行与行之间的间距范围。以罗马文字（Roman）为例，它的行距计算是由一行文字基线到下行文字基线间的距离，而"基线"其实在计算机画面上是看不到的，但绝大多的文字都位于基线。虽然可以在一个段落中使用一种以上的行距值，但是文字与文字之间的最大行距值仍然取决于该行的行距数值。另外，无论是输入中文、日文或朝鲜文等文字，皆可设置合适的行距，以达最佳设计效果。

如何更改行距

想要更改文字之间的行距，可进行下列操作之一：

1️⃣ 由字符调板里的"行距"菜单中选择需要的行距数值。

2️⃣ 先选取现有的默认行距数值，再重新输入新的数值即可。

更改默认的自动行距百分比

若想更改系统默认的行距百分比数值，请执行下列操作：

1️⃣ 点击位于字符控制面板中的"段落"调板。

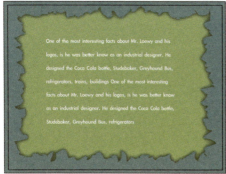

图4-6 行距分别为 6 点和 12 点的 5 点文字

② 接着由调板的菜单中点击"对齐"。

③ 在"自动行距"栏里，输入新的百分比数值。

指定字距微调和字距调整

"字距微调"指的是将字符间距增加或减少的过程，可以使用默认的自动字距微调进行修改，但这是属于内置固定的数值，也可以使用手动控制微调值，以便使图像设计工作更为迅速。而"字距调整"则是指同一范围中的字符与字符间调为相同间距的过程。

输入字距微调（或调整）的数值若为正向值，字符与字符间便会较为分开；若输入的数值为负向值，那么字符彼此之间则会减少距离，向中心紧密靠拢。这里输入数值的单位是"em间距"的1/1000，"em间距"的大小为何？其实它的宽度和输入的文字大小有关，例如在只有1点的字体中，1em＝1点；但若是在10点的字体中，1em＝10点，因为字距微调与调整的单位是1/1000em，所以10点字体的100个单位等同于1点。

使用字体的内置字距微调信息

需在字符调板中，由"字距微调"菜单里选择"字体规格"或在Photoshop中使用"视觉"，在Image Ready中则使用"自动"即可。

手动调整字距微调

不想使用内置的字距微调数值时，可执行以下的手动调整操作：

① 点击文字工具，并在两个字符间设插入点（注意：此时若是选中某一范围内的文字，则需要使用字距调整，而不能针对字符使用手动微调）。

② 接着在字符调板中的"字距微调"菜单中输入数值。

③ 最后再提交对文字图层的修改。

对指定的字距做调整

① 首先选择需要调整的文字。

2 到字符调板中将"字距调整"里的"跟踪"菜单内输入适当的数值或从弹出的菜单中选取数值。

调整水平或垂直缩放比例

若因图像设计上需要指定文字高度或宽度间的比例，可使用水平缩放/垂直缩放比例的功能。原字符（未经更改比例）的数值为100%，经由缩放比例的调整之后，字符的高度及宽度会呈现扩展或压缩。

调整文字的水平或垂直缩放比例

想要直接调整文字的缩放比例时，可在字符调板中的"水平缩放"或是"垂直缩放"菜单中输入新的百分比数值。

指定基线移动

前面章节提到基线如同是文字排列的基准线，因此要执行基线移动时，便会影响文字与基线间的距离，将选中的文字升高可创建上标；相同地将文字降低则可创建下标。

如何操作基线移动的控制指令

1 先选取确定要升高或是降低的文字。

2 接着在字符调板中的"基线偏移"菜单中输入数值，输入正向数值会使横排的文字向上位移，让竖排文字向基线右侧位移；若是输入负向数值则会使横排文字往下位移，竖排文字则会向基线的左侧位移。

更改大小写

当需要输入大写字符时，可将文字设定为大写字符格式，即可使输入的字母呈现全部大写或是小型大写字母的状态。若是将输入的文字格式改设为小型大写字母时，使用Photoshop及Image Ready软件便会出现部分的小型大写字母，但若是字体本身不包括小型大写字母的话，那么在软件中便会自动生成"仿"小型大写字母。

要更改文字的大小写时，请执行以下操作：

1 先选取需要更改的文字。

2 点击字符调板菜单内的"全部大写字母"或是"小型大写字母"；由字符调板中选

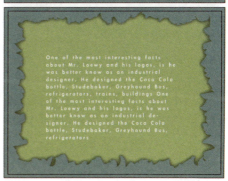

图4-7　默认设置的效果和字距调整设置为350的效果

择"全部大写字母"或"小型大写字母",此时若有复选标记者即表示已选择该选项。

本操作需注意的是,当选择"小型大写字母"时,并不会因此而改变原本由大写形式输入的字符。

使字符成为上标或下标

欲输入上标或下标样式的字符,可在文字输入前设置完成。"上标字"指的是将字符缩小后移至基线以上;"下标字"则是指字符缩小后移至基线以下,若是字体本身不包含上/下标字符,Photoshop的文字系统会自动生成"仿"上/下标的字符。

指定上/下标字符时,请执行以下操作:

1 先选取要进行指定的文字部分。

2 接着开始下列操作之一:

* 直接点击字符调板中的"上标"或"下标"按钮即可;

图4-8 默认基线偏移(上图)和偏移了10个点的基线(下图)

* 由字符调板中选取"上标"或"下标",此时若有复选标记者即表示已选取该选项。

应用下划线和删除线

下划线及删除线可应用在横排文字下方,也可贯穿文字;竖排文字的应用则会出现在文字的左侧或右侧,此两种标记线的颜色会与文字设定的颜色相同。

需使用下划线/删除线时,请执行以下操作方式:

1 先选取需增加下划线/删除线的文字。

2 接着选择下列任一种方式:

* 由字符调板中选择"下划线左侧(或右侧)",以便在如竖排文字的左侧或右侧呈现下划线效果,但不能在文字的两侧同时出现,只能选其中一侧。选择时若出现复选标记时则表示该选项已被选取。

* 若是应用在横排文字时,直接点击字符调板中的"下划线"按钮,便可在文字的下方呈现下划线效果。在进行本操作时须注意,唯有竖排文字的图层被选取时,"下划线左侧(或右侧)"的选项才会出现于字符调板的菜单当中。

* 使用"删除线"效果时,同样也有两种方式,一是点击字符调板中的"删除线"按钮;二是直接由字符调板的菜单中点击"删除线"即可,两种方式都能达到贯穿文字的水平线（横排文字）或垂直线（竖排文字）的效果。

使用动态快捷键

　　快捷键的应用是许多熟练Photoshop的使用者作为节省菜单点击时所消耗时间的快速且重要的方式。本段仅介绍在输入点/段落/选取文字（或文本）时出现"I型光标"时才使用的快捷键。使用范围包括"仿粗体/斜体"、"全部/小型大写字母"、"上/下标"及"下划/删除线"等选项。

使用部分字符宽度

　　由于存在部分的完整像素，因此字符之间的间距在系统默认下是处于随时变化的状态，但基本上输入字符的宽度会自动默认调整，为文字的外观及方便阅读提供最适当的间距。

　　若联机显示的文字尺寸小于20点时，将可能出现文字间距过度靠拢或空间过大，导致阅读上的困难。此时可先行关闭部分的字符宽度，以防止尺寸过小的文字太过紧凑，让文字间能保持完整的像素。本设置需留意的是只限于执行在一个文字图层中的所有字符，而不能单独选取某些字符进行设置。

图4-9 使用部分字符宽度

如何设置打开或关闭部分字符宽度

　　由字符调板的菜单中点击"部分宽度"即可，若有复选标记就表示该选项已被选中。

使用操作系统版面查看文本

　　"操作系统版面"的指令可以在系统默认文本的情况下预览文本，对于用户使用对话框或菜单等界面元素来说，此功能非常有用！

打开/关闭系统版面

　　由字符调板菜单中直接点击系统版面即可，若有复选标记则表示该选项已被选中。

旋转竖排文字

在设计竖排文字时，可将字符的方向进行旋转，例如将英文字符的方向旋转为90°后呈现直立状态，而未旋转的字符则是与文字垂直。

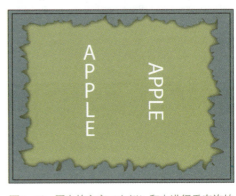

旋转竖排文字中的字符

在竖排文字中输入的字符欲更改为方便正向阅读的角度时，请依序执行以下的操作：

图4-10　原来的文字（左侧）和未进行垂直旋转的文字（右侧）

1 先选取需要进行旋转（或取消旋转）的竖排文字范围。

2 由字符调板中点击"标准垂直罗马对齐方式"，若出现复选标记则表示该选项已被选取。

此功能无法应用在双字节字符，例如在中文、日文、朝鲜文字体中的全角字符，即在选取范围内的所有双字节字符都不会执行旋转功能。

对字符应用 Open Type 特征

在设计时若需处理到Open Type字体，可应用"旧样式"的数字及序数字、花饰字与花饰边、标题、连接格式与替代格式或是合字、自由连字与分数字（若字体本身有提供便可使用）等。若输入为日文的Open Type字体时，则是可以使用合字、自由连字、日语专家、传统日语、分数字日语78、成比例的字体规格、假名与斜体（若字体本身有提供便可使用）。

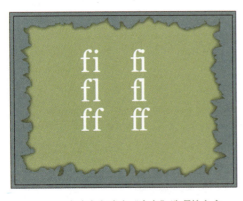

图4-11　未选中和选中"合字"选项的文字

如何应用 Open Type 特征

依照设计或文字输入需求，当需要应用到Open Type特征时，请执行下列操作，缩短设计过程时间以达最佳设计效果：

1 在开始使用文字工具前，先确认已选择Open Type的字体。

2 由字符调板中选择合适的选项，可从以下项目择其一：

* 旧样式：此输入的数字比一般的常规数字要短，有些旧样式的数字甚至会降低到基线以下。

　　* 序数字：是指系统会自动默认设置为上标字符的数字格式，如1st 和 2nd；西班牙词汇如segunda及segundo的上标 "2a" 与 "2o" 也能排版。

　　* 花饰字：所谓 "花饰字" 指的是在文字中添加个人特殊签名的图像，也可以应用在标题页的装饰，或是文本段落处、重复的纹理或条纹。

　　* 花饰边：此功能可以替代花饰边符号，也就是带有扩展笔刷的风格化字体。

　　* 标题：多用于设计大字号的字符，例如标题或大写的字符。

　　* 连接格式与替代样式："连接格式" 指的是由系统提供更佳的连接行为的替代格式；而 "替代样式"（又称上下文替代项）则是包含各种不同与上下文相关的替代样式。

　　* 合字：输入文字时若有选取合字选项，便会有某些字符呈现 "印刷替代字符"，像是fi、ff、ffi、fl、ffl等。

　　* 自由连字：输入在文字前若点击 "自由连字" 选项，当有输入如ct、ft及st时，便会出现相对的印刷代替字母。

　　* 分数字：此功能指的是系统自动默认数字的格式设置，能使受斜线分隔的数字正确转换为分数（如1/2转换为　 ）。

检查拼写错误（Photoshop）

　　文字输入完毕需检查拼写是否正确时，由于Photoshop的内建词典中并未有正确拼写的字句可供查询，因此被询问的字若是拼写正确，便可通过 "添加" 的操作将该字加入词典中，以方便日后确认其他文字输入的正确拼写；若是被询问的字有拼写上的错误时，也可以立即修正。

检查和更正拼写

　　输入文字后要进入拼写错误的检查，执行的操作方式如下：

1 由字符调板下方的弹出菜单中选择一种语言，用于使用拼写检查的词典设置。

2 选择需要显示（或解锁）的文字图层，因为 "拼写检查" 的指令并不会检查隐藏或锁定的图层。

3 接着开始使用以下操作方式之一：

* 直接选择图层。

* 选择需要检查的文本。

* 若只检查单词，则在单词中间放一插入点。

4 确认已选取的范围，点击 "编辑" → "拼写检查"。

5 此时使用Photoshop若搜寻到不认识的拼字或是可能出现的错误时，请进行以下操作之一：

* 点击 "忽略" 按钮可以让拼写检查继续进行，且不会因此而改变文本；若是点击 "全部忽略" 则是对接下来要检查的部分忽略系统认为有疑问的字句。

　　* 在拼写检查进行时，若要更改一个错误，需先确认在"更改为"的文本框中所填的字其拼写是正确的，再点击"更改"。但如果系统建议的字不是合适的字，那么可以在"建议"的文本框中选一个不同的字，或是直接在"更改为"的文本框中输入该字。

　　* 文档中若出现重复的拼写错误需要更改时，必须先核实在"更改到"的文本框里拼写正确的字，接着再点击"更改全部"，此方式可减少反复修改的时间。

　　* 可点击"添加"按钮，能让Photoshop系统将无法辨识的字先存储在词典中，方便在后续的检查中不会将此词识别为错误的拼写。

　　* 若只想在单一的文字图层内进行拼写检查，便将"检查所有图层"选项取消。

使用"段落"控制面板

设置段落格式

　　"段落"指的是在文字末尾按回车符后这一范围的文字，此时可适当使用"段落调板"，以便在整个段落的选项中进行设置如缩进、对齐及文字的行距（或间距）等功能。若输入设置为点文字，每行便是为一个单独的段落；输入为段落文字时，一段也会有多行的可能，但要视具体定界框尺寸的大小而定。

选择段落并显示"段落"调板

　　因设计需求想对文字图层中单个、多个或全部段落等格式选项进行设置时，可使用段落调板。

选择进行格式设置的段落

　　▮ 在不同软件操作时请执行下列操作：

　　* Photoshop：视设计需求先行选择"横排文字"工具或"竖排文字"工具。

　　* Image Ready：按照图像设计的需求选择文字工具。

　　▮ 接着再继续执行"选择段落"的操作：

　　* 点击段落并进行格式设置，此操作适合应用于单个段落。

　　* 对多个段落进行设置时，则需在一范围内的段落内建一选区。

　　* 设置图层中所有段落需先点击选择图层调板中的文字图层。

显示"段落"调板

　　执行下列操作之一：

　　● 点击"窗口"→"段落"。若桌面上的段落调板不是现用调板时，请直接点击段落调板的选项卡。

● 点击文字工具,再点击选项栏里的"调板"按钮。

对齐和调整文字

此设置可将文字及段落的一端进行对齐;横排文字可设置左、中、右对齐;竖排文字则是上、中、下对齐;文字与段落的两端亦可对齐。使用点文字及段落文字时可使用"对齐选项",但"对齐段落选项"只适用于段落文字。

图4-12 段落调板

指定对齐

1 请执行下列操作之一:

* 确认需要更改段落所在的文字图层并点击。

* 直接选取该图层中需要更改的段落。

2 接着在段落调板选项栏中点击"对齐选项":

* 横排文字的对齐选项有:

"左对齐文本":文本会靠左对齐,但段落右侧会无法对齐。

"居中对齐文本":文本向中央靠拢,段落两端则无法对齐。

"右对齐文本":文本会靠右对齐,段落左侧会无法对齐。

* 竖排文字的对齐选项有:

"垂直对齐文本":文本会向顶部对齐,段落底部则无法对齐。

"垂直居中对齐文本":文本向中央对齐,段落顶部及底部无法对齐。

"垂直靠下对齐文本":文本底部对齐,段落顶部则无法对齐。

为段落文字指定对齐

1 执行下列操作之一:

* 确认需要更改段落所在的文字图层并点击。

* 直接选取该图层中需要更改的段落。

2 接着在段落调板选项栏中点击"段落对齐"选项:

* 横排文字的段落对齐选项有:

"左对齐文本":除了最后一行(左对齐)以外的所有字行。

"居中对齐文本":除了最后一行(居中对齐)以外的所有字行。

"右对齐文本":除了最后一行(右对齐)以外的所有字行。

"对齐所有文本":除了最后一行(强制对齐)以外的所有字行。

* 竖排文字的段落对齐选项有:

"垂直靠上对齐文本"：除了最后一行（顶对齐）以外的所有字行。

"垂直居中对齐文本"：除了最后一行（居中对齐）以外的所有字行。

"垂直靠下对齐文本"：除了最后一行（底对齐）以外的所有字行。

"垂直对齐所有文本"：除了最后一行（强制对齐）以外的所有字行。

本操作命令若使用在路径中的文字对齐时，不论是左对齐、居中对齐或是左对齐及全部对齐，皆由插入点开始执行，并在路径的尾端结束。

缩进段落

段落的"缩进"指的是指定在文字和定界框间的间距量，或是文字与文字之间的间距值。"缩进"功能只会影响选取的段落，所以可以设置多个不同缩进的段落。

图4-13 指定段落间距

指定段落缩进

1 执行下列操作之一：

* 若想要在文字图层中的所有段落中执行"缩进"，就点击该文字图层。

* 直接选择需要"缩进"的段落。

2 接着在位于段落调板中的"缩进"选项中输入一数值：

* "左缩进"：由（横排文字）段落的左侧执行缩进功能。若是竖排文字，则会形成自段落顶部的缩进。

* "首行缩进"：主要是段落中的首行文字缩进，横排文字的首行缩进会和左缩进相关；竖排文字则是与顶部缩进有关。

* "右缩进"：由（横排文字）段落的右侧执行缩进。若是竖排文字，则会由段落的底部缩进。

若要创建悬挂缩进的效果，请在缩进选项中输入负数。

更改段落间距

更改段落与段落之间的间距时，使用"段落间距"选项即可控制。

指定段落间距

1 执行下列操作之一：

* 若对文字图层中所有段落都执行"段落间距"更改时，请点击该文字图层。

* 直接选取需要更改的文字段落。

2 将位于段落调板的"段前间距"或"段后间距"输入适当数值。

指定悬挂标点

"悬挂标点"作用在于控制标点符号会出现在页边距以内或以外。以罗马字体为例，选取"悬挂标点"功能后，如逗号、句号、单/双引号、长/短破折号、撇号、冒号、分号及连字符等，都会在页边距外出现。

对 Roman 字体使用悬挂标点

1 执行下列操作之一：

* 希望文字图层中的所有段落皆执行"悬挂标点"命令时，请点击该文字图层。

* 直接选取要执行命令的文字段落。

2 由段落调板中点击选取"罗马式溢出标点"选项，此时若出现复选标记时则表示该选项已被选取。

执行"悬挂标点"命令时请注意，当使用"罗马式溢出标点"选项时，假若选取的范围内有中文、日文及朝鲜文等双字节的标点符号时，都不会出现"溢出"的效果。

控制连字符连接和对齐

选取"连字符连接"及"对齐"设置时，会影响文字各行间的水平间距，改变文字在页面上的美感程度。使用"连字符连接"选项前先确认文字是否可执行断字，若可执行则还能使用分隔符。而"对齐"设置选项则适用于确认字母、单词及符号之间的间距。

图4-14 控制连字符连接和对齐

仅有罗马字符适用于"连字符连接"及"对齐"选项的设置，而中文、日文、朝鲜文字体由于存有双字节字符，因此不受这两项命令的影响。

调整连字符连接

本功能使用后能执行手动断字或是自动断字的效果。但可先在文字图层中选取好要执行更改的段落，便可针对特定的段落使用"连字符连接"的命令。

选取一个连字符词典

自字符调板下方的弹出式菜单中选择一种语言，即连字符词典。

打开或关闭自动连字符连接

执行自动连字符连接的命令时，可在段落调板中点击，即可打开或关闭。

图4-15 设置自动连字符连接选项

设置自动连字符连接选项

1️⃣ 由段落调板中点击"连字符连接"。

2️⃣ 接着在以下选项中输入适当的数值：

* "单词长度超过_字母"：此为执行断字命令时系统根据指定最少的字符数值，其默认值为5。

* "断开前/后_个字母"：使用连字符功能时指定断开的字头/字尾最少的字符数值，例如输入数值为3时，"aromatic"会被断为"aromatic"或"aroma-tic"。

* "连字符限制"：是指定在连续行中可以出现最多或最少的连字符数，其数值输入限制在2~25。

* "连字区"：在未对齐的文字中指定断字的行尾距离，不过本选项只限用在单行书写中。

3️⃣ 想要防止大写的单词被设定断字，请在"连字大写的单词"选项中取消选择，再点击"好"即可。

防止不需要的断字

此功能可防止单词在遇到行尾间时被断开，如因断字后会造成误解的单词或是专有名称等，同时也能让多个字被断开，如一串词首为大写的字母，或是一个较长字母的姓。

防止字符断开

1️⃣ 先选取好需要防止被断开的字符。

2️⃣ 再由字符调板中点击"无间断"。

当点击"无间断"选项后输入连续的字符时，系统不会强制文字换行。但若字符的量超过文字边界时，再输入的文字将不会在计算机屏幕上出现。

调整间距

可在Photoshop及Image Ready中对分隔单词/字母、缩放字符的方法进行准确操作。在处理对齐文字时进行间距调整选项是非常有用的，甚至还可用于调整尚未对齐的文字间距。

其实文字的间距是指通过按Space键（空格键）在单词间创建的间距；而字母的间距则是指字母与字母之间的间距，连同字距微调及调整值都包含在内；符号（指任何字体与字符）间距则表示字符的宽度。

一般而言，间距调整的选项多适用于整个段落，若只想调整少数几个字符的间距时，则需使用"字距调整"。

图4-16 设置间距选项

设置间距选项

1 执行下列操作之一：

＊ 希望文字图层中所有段落都能执行命令时，请点击该文字图层。

＊ 直接选取要更改的文字段落。

2 接着在段落调板中点击选取"对齐"的选项。

3 最后在"字间距"、"字母间距"、"符号间距"中输入适当数值。

＊ "最大"及"最小"值：使系统在定义后可执行接受的间距范围，但只限于对齐的文字。

＊ "期望值"：是设置已对齐和未对齐的段落间距。

在输入数值时须注意此三种间距可输入的范围："字间距"的范围是0%~1000%，例如输入100%时的单词间已无多余的间隔；"字母间距"的范围则是–100%~500%之间，例如字母间距为0%时，字母间便不再有多余的间隔；"符号间距"的数值范围则是50%~200%，若输入100%则字符宽度等于原宽度。

文本的编辑与各种样式

在文字图层中编辑文本

在文字图层中插入新的文本或是更改现有文本及删除文本。

在文字图层中编辑文本的具体步骤

1 先选择"横排文字"工具或是"竖排文字"工具。

2 直接在图层调板中点击文字图层或在文本流中点击，便可选择需要更改的文字图层。

3 接着于文本中定位插入点，并在下列操作方式中择一执行：

＊ 直接点击设置的插入点。

＊ 选取需要编辑的字符。

图4-17 创建自定义样式

4 输入文本。

5 最后提交更改过的文字图层。

创建自定样式

想要创建自定样式，可选择下列任一或多种效果执行，可多次试验达到最佳呈现效果：

投影：在图层（内容）后方添加阴影。

内阴影：在紧靠图层（内容）边缘进行阴影的添加，效果是让图层具有内陷的外观。

外发光及内发光：在图层（内容）的外缘或内缘添加发光的效果。

斜面及浮雕：在图层内加入高光与暗调的多种组合。

光泽：按照图层形状于内部制作阴影时，基本上都能创建特别光滑的效果。

颜色、渐变及图案叠加：应用颜色、渐变、图案叠加之效果填充图层内容。

描边：利用颜色、渐变或图案的方式于图层中描绘对象的轮廓，此方法对硬边形状（包含文字）具有良好的呈现效果。

创建变形文本

使文字图层变形

变形效果对文字做扭曲形状有很好的作用，譬如将文字变行为波浪形或梯形、扇形等。此样式也是文字图层的属性之一，可以依照需要随时执行更改，而变形的选项可对变形效果的透觉与取向精准控制。

但此变形效果不会包含具有"仿粗体"的文字图层，也不能使用于没有轮廓数据字体的图层，如位图字体。

变形文字

1 先点击需要使用变形文字的文字图层。

2 执行下列操作之一：

* 选择文字工具，在选项栏中选取"变形"按钮。

* 点击"图层"→"文字"→"文字变形"。

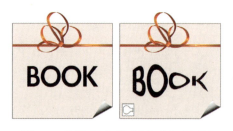

图4-18 使用"鱼"样式变形的文字示例

3 在"样式"的弹出菜单中点击一选项。

4 接着视需要选择变形的效果——水平或是垂直。

5 可按照需要变形的程度进行调整：

* "弯曲"：在图层内指定变形程度的选项。
* "水平/垂直扭曲"：在变形时透视效果的应用。

取消文字变形

1 先选取已经使用变形的文字图层。

2 接着选取文字工具，点击选项栏内的"变形"按钮，也可直接点击"图层"→"文字"→"文字变形"。

3 由"样式"的弹出菜单中选择"无"，最后按"好"即可取消文字变形的设置。

为文本添加图层样式

对文本图层应用自定样式

1 执行下列操作之一：

* 点击图层调板中"图层样式"的按钮，由列表里选择想要的效果。

* 直接点击"样式"→"图层样式"，于子菜单中选择效果。

2 在"图层样式"的对话框中进行效果选项的设置。

3 若想在样式中再多加其他效果，则选以下一种方式执行：

* 先重复步骤1及步骤2。

* 在"图层样式"的对话框中另外选取其他效果即可。

栅格化文本

栅格化文字图层

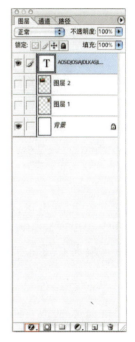

图4-19 为文本添加图层样式

软件中的某些命令及工具如滤镜效果、绘画工具之类等，并不适合使用在文字图层上，此时必须在命令或使用工具前先将文字"栅格化"。而"栅格化"会让文字图层转换为一般的图层，但内容则会是无法编辑的。因此若选取栅格化图层的命令或工具，便会弹出警告信息的对话框，尽管如此，某些警告的信息对话框提供了一个"好"的按钮，点击按钮即可将图层"栅格化"。

将文字图层转换为一般图层

1 在图层调板中选择需要更改的文字图层。

2 接着点击"图层"→"栅格化"→"文字"即可。

图4-20 非闭合路径上的横排和竖排文字示例

图4-21 用形状工具创建的闭合路径上的横排和竖排文字示例

在路径上创建文本

在用钢笔/形状工具所创建出的工作路径上可输入文字，且文字会沿着锚点所制作出的路径方向排列。此时若在路径上输入横排文字则会使字母和文字基线形成垂直；输入竖排文字时则会和基线平行。

也可以利用移动或更改路径的工具创建文本，那么文字会按照更改过的路径形状排列。

沿着路径输入文字

1 执行下列操作之一：

* 先选择"横排文字"工具或是"竖排文字"工具。

* 直接选择"横排文字蒙版"或是"竖排文字蒙版"工具。

2 接着将指针进行定位，让文字工具的基线指示符处于路径上，并点按，此时路径上会出现一插入点。

3 最后键入文字。横排文字会与基线垂直；竖排文字会与基线平行。

沿着路径移动文字

1 先选取"直接选择"或是"路径选择"工具，并定位于文字上，此时的指针会是带有箭头的 I 形光标。

2 沿着路径将文字进行点按并拖移，请谨慎拖移文字，以免跨到路径的另一侧。

将文字翻转到路径的另一侧

1 依需求选择"直接选择"或"路径选择"工具，定位于文字上，此时的指针会变成带有箭头的 I 形光标。

2 沿着路径将文字进行点按并拖移至另一侧。

移动文字路径

选择"路径选择"或"移动"工具，接着点按并同时把路径拖移到一新位置。使用"路径选择"工具时，请确认指针并未变成带有箭头的 I 形光标，否则会沿着路径移动文字。

改变文字路径的形状

1️⃣ 点击"直接选择"工具。

2️⃣ 点选路径上的锚点，并使用手柄改变路径的形状。

在Photoshop中基于文字创建工作路径

为文字所创建的工作路径能将字符视为矢量形状进行后续处理，但其实工作路径是属于"路径"调板中临时的路径，用在定义形状的基本外轮廓。由于在文字图层上创建新工作路径后，就如使用任何路径一样进行存储和操作功能。需注意的是，本路径中的字符不能当做文本进行编辑，但若原文字图层保持不变的状态下便可编辑。

基于文字创建工作路径

先选择要进行操作的文字图层，点击"图层"→"文字"→"创建工作路径"。若本身为位图字体则无法创建工作路径加以编辑。

文本的查找与替换

查找和替换文本

对于字符、单词可进行查找，在找到要查找的内容后，可将其更改为其他的文字内容。

如何查找和替换单词

1️⃣ 首先显示或解锁文字图层，因为"查找和替换文本"的操作命令是不检查被隐藏或锁定的图层。

2️⃣ 执行下列操作之一：

* 选取需要查找和替换文本所在的图层。

* 若有一个以上的文本图层且想要搜索文档内所有图层时，则选择非文字图层。

3️⃣ 若已选定包含文本的图层，便将插入点放在需要搜索的文本开头。

4️⃣ 接着点击"编辑"→"查找和替换文本"。

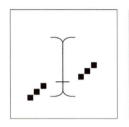
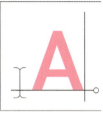

图4-22 "文字"工具的基线指示符以及基线指示符在路径上的"文字"工具

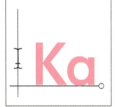

图4-23 使用"直接选择"工具或"路径选择"工具在路径上移动或翻转文字

图4-24 为文本添加图层样式

5 在"查找内容"框中输入（或直接粘贴）想要查找的文本；要更改文本时，则在"更改为"的文本框中输入新的文本数据。

6 视需求选择以下一个或多个选项开始调整搜索：

* "搜索所有图层"：在文档中的所有图层进行搜索，但此功能唯有在图层调板中选择"非文字图层"选项才可使用。

* "向前"：自文本的插入点开始向前搜索，若取消此选项，则会搜索图层中的整个文本。

* "区分大小写"：此功能适用于搜索和"查找内容"文本框中文字大小写完全相同的单个或多个字。

* "仅用于整字"：即忽略嵌入于大号字里搜索的文本。

7 以上功能需求设置后，点击"查找下一个"按钮以进行搜索。

8 再点击下一步需要执行的按钮：

* "更改"：用修改过后的文本替换找到的文本。若需要重复这项搜索时，则点击"查找下一个"。

* "更改全部"：用在查找与替换文本中的所有匹配项目。

* "更改/查找"：用修改过后的文本替换找到的文本，并搜索下一匹配项目。

第五章
路径的使用

路径的基本概念

关于形状和路径

Photoshop 创建的是矢量图形。使用绘图工具创建形状图层和工作路径。形状与分辨率无关，因此，它们在调整大小、打印存储为 PDF 文件或导入到基于矢量的图形应用程序时，会保持清晰的边缘。可以使用形状建立选区，并使用"预设管理器"创建自定形状库。

在 Photoshop 中，路径用于建立选区并定义图像的区域，由一个或多个直线段或曲线段组成。每段都由多个锚点标记，锚点的工作方式类似于固定电线就位的线卡。通过编辑路径的锚点，可以很方便地改变路径的形状。"路径"调板有助于管理路径。

使用路径——路径的绘制和使用

创建工作路径（Photoshop）

工作路径是出现在路径调板中的临时路径，用于定义形状的轮廓。可以用以下几种方式使用路径：

● 可用路径作为矢量蒙版来隐藏图层区域。

● 可将路径转换为选区。

● 可编辑路径以更改其形状。

● 将图像导出到页面排版或矢量编辑程序时，可将已存储的路径指定为剪贴路径以使图像的一部分变得透明。

在开始绘图之前，请在路径调板中创建新路径，将工作路径自动存储为命名路径。

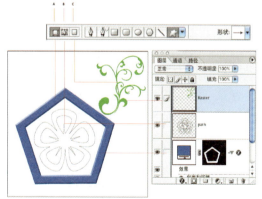

图5-1 绘图选项

A. 形状图层　B. 路径　C. 填充像素

创建新的工作路径

1 选择形状工具或钢笔工具，然后点按选项栏中的"路径"按钮 。

2 设置工具特定选项并绘制路径。有关更多信息，请参阅使用形状工具和使用

钢笔工具 (Photoshop)。

3 如果需要,可绘制其他路径组件。通过点按选项栏中的工具按钮,可以很容易地在绘图工具之间切换。选择路径区域选项以确定重叠路径组件如何交叉。

* "添加到路径区域":可将新区域添加到重叠路径区域。

* "从路径区域减去":可将新区域从重叠路径区域移去。

* "交叉路径区域":将路径限制为新区域和现有区域的交叉区域。

* "重叠路径区域除外":从合并路径中排除重叠区域。

利用形状工具绘图时,可使用下列键盘快捷键:按住 Shift 键可临时选择"添加到路径区域"选项;按住 Alt 键 (Windows) 或 Option 键 (Mac OS) 可临时选择"从路径区域减去"选项。

钢笔工具的使用

可以使用钢笔工具创建或编辑直线、曲线或自由线条及形状。钢笔工具与形状工具组合使用可以创建复杂的形状。

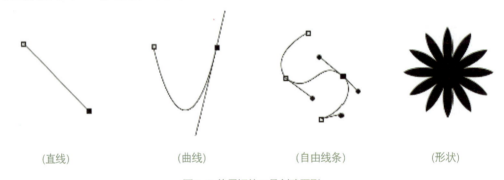

| (直线) | (曲线) | (自由线条) | (形状) |

图5-2 使用钢笔工具创建图形

用钢笔工具绘图

钢笔工具可以创建比自由钢笔工具更为精确的直线和平滑流畅的曲线,提供最佳的绘图控制和最高的绘图准确度。

用钢笔工具绘图的步骤

1 选择钢笔工具。

2 设置下列工具特定选项:

* 如在点按线段时添加锚点并在点按锚点时删除锚点,请选择选项栏中的"自动添加/删除"。

* 要在绘图时预览路径段,请点按选项栏中形状按钮旁边的反向箭头图标并选择"橡皮带"。

③ 将钢笔指针定位在绘图起点处并点按，以定义第一个锚点。

④ 点按或拖移，为其他的路径段设置锚点。

⑤ 完成路径：

＊ 要结束开放路径，请按住 Ctrl 键 (Windows) 或 Command 键 (Mac OS) 在路径外点按。

＊ 要闭合路径，请将钢笔指针定位在第一个锚点上。如果放置的位置正确，笔尖旁将出现一个小圈，点按可闭合路径。

用钢笔工具绘制直线段

使用钢笔工具可以绘制的最简单线段是直线段，方法是通过点按创建锚点。

绘制直线段

① 将钢笔指针定位在直线段的起点并点按，以定义第一个锚点。

② 在直线第一段的终点再次点按，

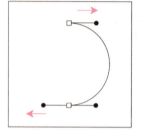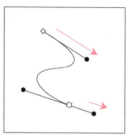

图5-3　向相反的方向拖移将创建平滑曲线（左图），向同一个方向拖移将创建"S"曲线（右图）

或按住 Shift 键点按，将该段的角度限制为 45° 角的倍数。

③ 继续点按，为其他的段设置锚点。最后一个锚点总是实心方形，表示处于选中状态。当继续添加锚点时，以前定义的锚点会变成空心方形。

如果选中了选项栏中的"自动添加/删除"选项，则点按现有点可将其删除。

用钢笔工具绘制曲线

通过沿曲线伸展的方向拖移钢笔工具可以创建曲线。在绘制曲线时，请记住以下原则：

● 在创建曲线时，总是向曲线的隆起方向拖移第一个方向点，并向相反的方向拖移第二个方向点。同时向一个方向拖移两个方向点将创建"S"形曲线。

● 在绘制一系列平滑曲线时，一次绘制一条曲线，并将锚点置于每条曲线的起点和终点而不是曲线的顶点。

● 要减小文件大小并减少可能出现的打印错误，请尽可能使用较少的锚点，并尽可能将它们分开放置。

绘制曲线

① 将指针定位在曲线的起点，并按住鼠标按钮，此时会出现第一个锚点，同时指针变为箭头。

② 向绘制曲线段的方向拖移指针。在此过程中，指针将引导其中一个方向点移

图5-4 沿曲线方向拖移可设置第一个锚点（上图），向相反方向拖移可完成曲线段（下图）

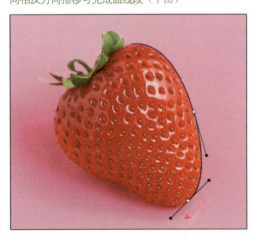

图5-5 向曲线外拖移以创建下一段

动。按住 Shift 键，将工具限制为 45° 角的倍数，完成第一个方向点的定位后，释放鼠标按钮。

方向线的长度和斜率决定了曲线段的形状。可以调整方向线的一端或两端。

③ 将指针定位在曲线段的终点，并向相反方向拖移可完成曲线段。

④ 执行下列操作之一：

* 要绘制平滑曲线的下一段，请将指针定位在下一段的终点，并向曲线外拖移。

* 如果要急剧改变曲线的方向，请释放鼠标，然后按住 Alt 键（Windows）或 Option 键（Mac OS）沿曲线方向拖移方向点。松开 Alt 键（Windows）或 Option 键（Mac OS）以及鼠标按钮，将指针重新定位在曲线段的终点，并向相反方向拖移以完成曲线段。

* 如果要断开锚点的方向线，请按住 Alt 键（Windows）或 Option 键（Mac OS）拖移方向线。

自由钢笔工具的使用

自由钢笔工具

自由钢笔工具可用于随意绘图，就像用铅笔在纸上绘图一样。

磁性钢笔是自由钢笔工具的选项，它可以绘制与图像中定义区域的边缘对齐的路径。使用者可以定义对齐方式的范围和灵敏度，以及所绘路径的复杂程度。

用自由钢笔工具绘图

① 选择自由钢笔工具。

② 要控制最终路径对鼠标或光笔移动的灵敏度，请点按选项栏中形状按钮旁边的反向箭头图标，然后为"曲线拟合"输入

0.5 ~ 10.0 像素之间的值。此值越高，创建的路径锚点越少，路径越简单。

▋3 在图像中拖移指针时，会有一条路径尾随指针。释放鼠标，工作路径即创建完毕。

▋4 如果要继续手绘现有路径，请将钢笔指针定位在路径的一个端点，然后拖移。

▋5 要完成路径，请释放鼠标。要创建闭合路径，请将直线拖移到路径的初始点（当它对齐时会在指针旁出现一个圆圈）。

用磁性钢笔选项绘图

▋1 要将自由钢笔工具转换成磁性钢笔工具，请在选项栏中选择"磁性"，或点按选项栏中形状按钮旁边的反向箭头，选择"磁性"并进行下列设置：

* 为"宽度"输入介于 1 ~ 256 之间的像素值。磁性钢笔只检测指针指定距离内的边缘。

* 为"对比度"输入介于 1 ~ 100 之间的百分比，指定像素被看作边缘所需的对比度。此值越高，图像的对比度越低。

* 为"频率"输入介于 0 ~ 100 之间的值，指定钢笔设置锚点的密度。此值越高，路径锚点的密度越大。

* 如果使用的是光笔绘图板，请选择或取消选择"钢笔压力"。当选择该选项时，钢笔压力的增加将导致宽度减小。

▋2 在图像中点按，设置出第一个紧固点。

▋3 如果要手绘路径段，请移动指针或沿要描的边拖移。

刚绘制的边框段保持为现用状态。当移动指针时，现用段会与图像中对比度最强烈的边缘对齐，并使指针与上一个紧固点连接。磁性钢笔定期向边框添加紧固点，以固定前面的各段。

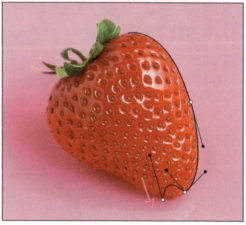

图5-6 用磁性钢笔选项绘画

按住 Alt 键（Windows）或 Option 键（Mac OS）沿曲线方向拖移方向点。松开此键，并向相反方向拖移。

图5-7 点按可添加紧固点并继续跟踪

④ 如果边框没有与所需的边缘对齐,则点按一次,手动添加一个紧固点并使边框保持不动。继续沿边缘操作,根据需要添加紧固点。如果需要,按 Delete 键删除上一个紧固点。

⑤ 如果要动态修改磁性钢笔的属性,请执行下列操作之一:

* 按住 Alt 键 (Windows) 或 Option 键 (Mac OS) 并拖移,可绘制手绘路径。

* 按住 Alt 键 (Windows) 或 Option 键 (Mac OS) 并点按,可绘制直线段。

* 按"["键可将磁性钢笔的宽度减小 1 个像素;按"]"键可将钢笔宽度增加 1 个像素。

完成路径

● 按 Enter 键(Windows)或 Return 键(Mac OS),结束开放路径。

● 点按两次,闭合包含磁性段的路径。

● 按住 Alt 键 (Windows) 或 Option 键 (Mac OS) 并点按两次,闭合包含直线段的路径。

添加、删除和转换锚点

使用添加锚点工具和删除锚点工具,可以在形状上添加和删除锚点。如果在钢笔工具选项栏中选择"自动添加/删除",在点按直线段时,将会添加锚点。

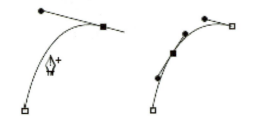

图5-8 添加锚点

添加锚点

① 选择添加锚点工具,并将指针放在要添加锚点的路径上(指针旁会出现加号)。

② 执行下列操作之一:

* 如果要添加锚点但不更改线段的形状,请点按路径。

* 如果要添加锚点并更改线段的形状,请拖移以定义锚点的方向线。

删除锚点

① 选择删除锚点工具,并将指针放在要删除的锚点上(指针旁会出现减号)。

② 删除锚点:

* 点按锚点将其删除,路径的形状重新调整以适合其余的锚点。

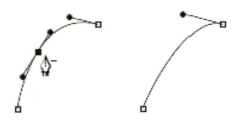

图5-9 删除锚点

＊ 拖移锚点将其删除，线段的形状随之改变。

在平滑点和角点之间进行转换

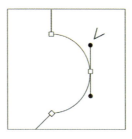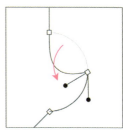

1 选择转换点工具，并将指针放在要更改的锚点上。

如果要在选中了直接选择工具的情况下启动转换锚点工具，将指针放在锚点上，然后按 Ctrl+Alt 组合键 (Windows) 或 Command+Option 组合键 (Mac OS)。

图5-10 拖移方向点，使方向线断开

2 转换锚点：

＊ 将平滑点转换成没有方向线的角点，请点按平滑锚点。

＊ 将平滑点转换为带有方向线的角点，一定要能够看到方向线，然后拖移方向点。

＊ 如果要将角点转换成平滑点，请向角点外拖移，使方向线出现。

保存路径

存储工作路径

执行下列操作之一：

● 如果要存储路径但不重命名它，请将工作路径名称拖移到路径调板底部的"创建新路径"按钮。

● 如果要存储并重命名，请从路径调板菜单中选取"存储路径"，然后在"存储路径"对话框中输入新的路径名，并点按"好"按钮。

重命名存储的路径

点按两次路径调板中的路径名，键入新的名称，然后按 Enter 键 (Windows) 或 Return 键 (Mac OS)。

形状工具的使用

使用形状工具

在 Photoshop 中，可以对形状进行快速选择、调整大小和移动，还可以编辑形状的属性（如描边、填充颜色和样式）。

ImageReady 形状是面向对象的，可以调整形状的大小和移动形状，而不能调整形状的轮廓。在 ImageReady 中，绘制形状时使用智能参考线可以很方便地对齐这些形状。

多边形工具、自定形状工具、添加锚点工具、删除锚点工具和转换点工具仅在 Photoshop 中可用。

创建形状

形状是在形状图层上绘制的。在 Photoshop 中，可以在一个形状图层上绘制多个形状，并指定重叠形状交互的方法。在 ImageReady 中，在一个图层中只能绘制一个形状。

形状会自动填充当前的前景色，但也可以很方便地将填充色更改为其他颜色、渐变或图案。形状的轮廓存储在链接到图层的矢量蒙版中。

按住 Shift 键，将矩形或圆角矩形约束成方形，将椭圆约束成圆，或将线条角度限制为 45° 角的倍数。

创建新形状的步骤

1 选择一个形状工具或钢笔工具。确保在选项栏中选中了"形状图层"按钮。

2 要选取形状的颜色，请在选项栏中点按色板，然后从拾色器中选取一种颜色。

3 如果要给形状图层应用样式，请从"样式"弹出菜单中选择预设样式。

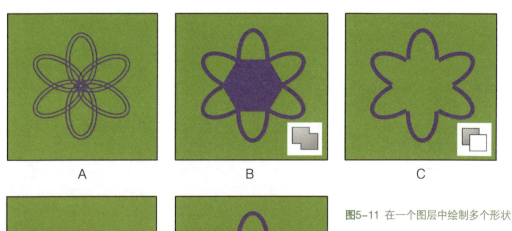

A   B   C

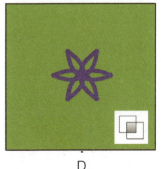   

D   E

图5-11 在一个图层中绘制多个形状

A．原来的形状和创建其他形状 B．在选中"添加到形状区域"时的结果 C．在选中"从形状区域减去"时的结果 D．在选中"交叉形状区域"时的结果 E．在选中"重叠形状区域除外"时的结果

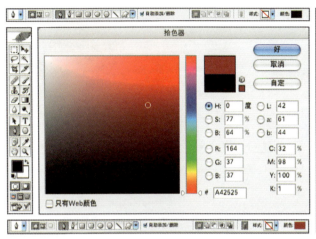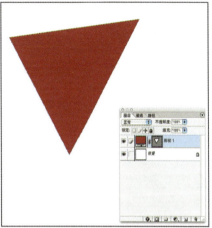

图5-12 创建新形状

4 设置其他特定于工具的选项。

5 在图像中拖移可绘制形状。随后,可以重新调整形状的大小或者编辑形状。

在拖移鼠标创建形状时按住空格键,可以在不改变形状的大小或比例时移动形状。

在图层中绘制多个形状(Photoshop)

1 选择要添加形状的图层。

2 选择绘图工具,并设置工具特定的选项。

3 在选项栏中选取下列选项之一:

* "添加到形状区域":可为现有形状或路径添加新区域。

* "从形状区域减去":可从现有形状或路径中删除重叠区域。

* "交叉形状区域":可将区域限

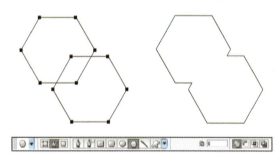

图5-13 在图层中绘制多个形状-添加到形状区域

图5-14 在图层中绘制多个形状-从形状区域减去

图5-15 在图层中绘制多个形状-交叉形状区域

制为新区域与现有形状或路径的交叉区域。

＊ “重叠形状区域除外”：可从新区域和现有区域的合并区域中排除重叠区域。

4 在图像中绘画。通过点按选项栏中的工具按钮，可以很容易地在绘图工具之间切换。

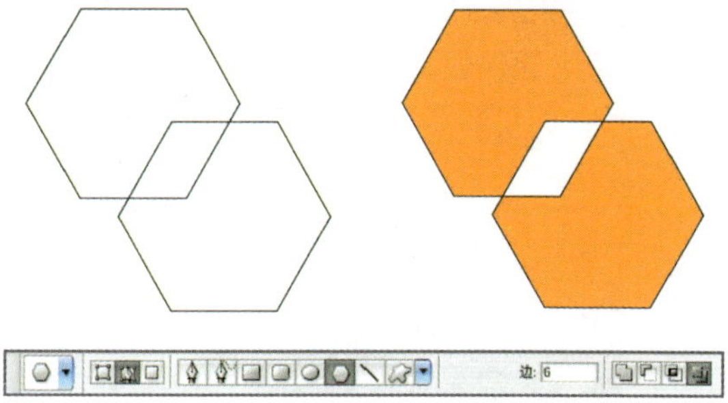

图5-16 在图层中绘制多个形状-重叠形状区域除外

自定义形状

使用自定形状 (Photoshop)

当使用自定形状工具时，可以从各种预设形状中选取，也可以存储为预设形状创建的形状。

选择自定形状

1 选择自定形状工具。

2 从“形状”弹出式调板中选择形状。

将形状或路径存储为自定形状

1 在路径调板中选择路径，可以是形状图层的矢量蒙版，也可以是工作路径或存储的路径。

2 选取“编辑”→“定义自定形状”，然后在“形状名称”对话框中输入新自定形状的名称。新形状出现在“形状”弹出调板中。

3 要将自定形状存储为新库的一部分，请从弹出式调板菜单中选择“存储形状”。也可以使用“预设管理器”管理自定形状库。

编辑路径

使用钢笔工具创建或编辑直线、曲线或自由线条及形状。

改变路径的位置

移动路径或路径组件

1 在路径调板中选择路径名，并使用路径选择工具在图像中选择路径。如果要选择多个路径组件，请按住 Shift 键并点按其他路径组件，将其添加到选区。

2 将路径拖移到新位置。如果将路径的一部分拖移出了画布边界，则路径的隐藏部分仍然是可用的。

　如拖移路径，使移动指针位于另一幅打开的图像上，则该路径将会拷贝到此图像中。

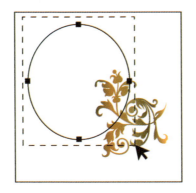

图5-17 将路径拖移到新位置

改变路径的形状

整形路径组件

1 在路径调板中选择路径名，并使用直接选择工具选择路径中的锚点。

2 将该点或其手柄拖移到新位置。

合并重叠的路径组件

1 在路径调板中选择路径名，并选择路径选择工具。

2 点按选项栏中的"组合"可将所有的重叠组件合并为单个组件。

输出路径

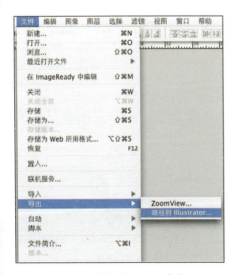

图5-18 路径到illustrator命令

将路径导出到 Adobe Illustrator

使用"路径到 Illustrator"命令

1 绘制并存储路径或将现有选区转换为路径。

2 选取"文件"→"导出"→"路径到Illustrator"。

3 为导出的路径选取位置，并输入文件名。确保为导出路径选择了"写入"菜单中的"工作路径"。

4 点按"保存"。

5 在 Adobe Illustrator 中打开文件。可以操作路径或使用路径对齐添加到文件中的

Illustrator 对象。

请注意，Illustrator 中的裁切标记反映了 Photoshop 图像的尺寸。只要不更改裁切标记或移动路径，路径在 Photoshop 图像中的位置就保持不变。

管理路径的利器——路径控制面板的使用

使用路径调板 (Photoshop)

路径调板列出了每条存储的路径、当前工作路径和当前矢量蒙版的名称和缩览图。减小缩览图的大小或将其关闭，可在路径调板中列出更多路径，而关闭缩览图可提高性能。要查看路径，必须先在路径调板中选择路径名。

显示路径调板

选取"窗口"→"路径"。

选择或取消选择调板中的路径

请执行下列操作之一：

● 如果要选择路径，请点按路径调板中相应的路径名。一次只能选择一条路径。
● 如果要取消选择路径，请点按路径调板中的空白区域或按 Esc 键。

更改路径缩览图的大小

1 从路径调板菜单中选取"调板选项"。
2 选择大小，或选择"无"关闭缩览图显示。

更改路径的堆叠顺序

1 在"路径"调板中选择路径。
2 在路径调板中上下拖移路径。当所需位置上出现黑色的实线时，释放鼠标按钮。不能更改路径调板中矢量蒙版或工作路径的顺序。

重命名路径

重命名存储的路径

双击路径调板中的路径名，输入新的名称，然后按 Enter 键 (Windows) 或 Return 键 (Mac OS)。

图5-19 重命名路径

复制路径

拷贝路径组件或路径

请执行下列操作之一：

● 如要在移动时拷贝路径组件，请在路径调板中选择路径名，并用路径选择工具点按路径组件。然后按住 Alt 键 (Windows) 或 Option 键 (Mac OS) 并拖移所选路径。

● 如要拷贝路径但不重命名它，可将路径调板中的路径名拖移到调板底部的"新路径"按钮或"新建"按钮。

● 如要拷贝并重命名路径，请按住 Alt 键 (Windows) 或 Option 键 (Mac OS)，将路径调板中的路径拖移到调板底部的"新路径"按钮。或选择要拷贝的路径，然后从路径调板菜单中选取"复制路径"。在"复制路径"对话框中为路径输入新名称，并点按"好"按钮。

● 如要将路径或路径组件拷贝到另一路径中，请选择要拷贝的路径或路径组件并选取"编辑"→"拷贝"。然后选择目标路径，并选取"编辑"→"粘贴"。

在两个 Adobe Photoshop 文件之间拷贝路径组件

① 将两个图像都打开。

② 使用路径选择工具，在要拷贝的源图像中选择整条路径或路径组件。

③ 如果要拷贝路径组件，请执行下列任一操作：

* 将源图像中的路径组件拖移到目标图像。路径组件会被拷贝到路径调板的现用路径中。

* 在源图像的路径调板中选择路径名，并选取"编辑"→"拷贝"拷贝该路径。在目标图像中选取"编辑"→"粘贴"。也可以使用该方法来组合同一图像中的路径。

* 如果要将路径组件粘贴到目标图像，请在源图像中选择路径组件并选取"编辑"→"拷贝"。在目标图像中选取"编辑"→"粘贴"。

调整路径控制面板视图比例

更改路径缩览图的大小

① 从路径调板菜单中选取"调板选项"。

② 选择大小，或选择"无"关闭缩览图显示。

图5-20 更改路径缩览图的大小

PHOTOSHOP全掌握

路径和选区的转换

在路径和选区边框之间转换 (Photoshop)

路径具有平滑的轮廓，因此可以将它们转换成精确的选区边框。也可以使用直接选择工具进行微调，将选区边框转换为路径。

将路径转换为选区边框

任何闭合路径都可以定义为选区边框。可以从当前的选区中添加或减去闭合路径，也可以将闭合路径与当前的选区结合。

使用当前的"建立选区"设置将路径转换为选区边框

1 在"路径"调板中选择路径。

2 如果要转换路径，请执行下列任一操作：

* 点按路径调板底部的"将路径作为选区载入"按钮 。

* 按住 Ctrl 键 (Windows) 或 Command 键 (Mac OS) 并点按路径调板中的路径缩览图。

图5-21 路径转换为选区

将路径转换为选区边框并指定设置

1 在"路径"调板中选择路径。

2 执行下列操作之一：

* 按住 Alt 键 (Windows) 或 Option 键 (Mac OS) 并点按路径调板底部的"将路径作为选区载入"按钮。

* 按住 Alt 键 (Windows) 或 Option 键 (Mac OS) 将路径拖移到"将路径作为选区载入"按钮。

* 从路径调板菜单中选取"建立选区"。

3 在"建立选区"对话框中，选择"渲染"选项：

* "羽化半径"定义羽化

边缘在选区边框内外的伸展距离, 输入以像素为单位的值。

* "消除锯齿"在选区中的像素与周围像素之间创建精细的过渡, 确保"羽化半径"设置为 0。

4 选择"操作"选项:

* "新建选区":可只选择路径定义的区域。

* "添加到选区":可将由路径定义的区域添加到原选区。

* "从选区中减去":可从当前选区中删除由路径定义的区域。

* "与选区交叉":可选择路径和原选区的共有区域。如果路径和选区没有重叠, 则不会选择任何内容。

5 点按"好"。

将选区边框转换为路径

使用选择工具创建的任何选区都可以定义为路径。

使用当前的"建立工作路径"设置将选区转换为路径

建立选区, 然后点按路径调板底部的"建立工作路径"按钮。

将选区转换为路径并指定设置

1 建立选区, 然后执行下列操作之一:

* 按住 Alt 键 (Windows) 或 Option 键 (Mac OS) 并点按路径调板底部的"建立工作路径"按钮。

* 从路径调板菜单中选取"分离通道"。

2 在"建立工作路径"对话框中, 输入容差值, 或使用默认值。

容差值的范围为 0.5 ~ 10 之间的像素, 容差值越高, 用于绘制路径的锚点越少, 路径也越平滑。

3 点按"好"。路径出现在路径调板的底部。

填充路径

用颜色填充路径

"填充路径"命令可用于使用指定的颜色、图像状态、图案或填充图层来填充包含像素的路径。

图5-22 选中的路径以及填充后的路径

重点

当填充路径时，颜色值会出现在现用图层中。开始之前，所需图层一定要处于现用状态。当图层蒙版或文本图层处于现用状态时，则无法填充路径。

使用当前"填充路径"设置填充路径

1 在"路径"调板中选择路径。

2 点按路径调板底部的"填充路径"按钮。

填充路径并指定选项

1 在"路径"调板中选择路径。

2 填充路径：

* 按住 Alt 键 (Windows) 或 Option 键 (Mac OS) 并点按路径调板底部的"填充路径"按钮。

* 按住 Alt 键 (Windows) 或 Option 键 (Mac OS) 并将路径拖移到"填充路径"按钮。

* 从路径调板菜单中选取"填充路径"。如果所选路径是路径组件，此命令将更改为"填充子路径"。

3 对于"使用"，选取填充内容。

4 指定填充的不透明度。如果要使填充更透明，请使用较低的百分比。100% 的设置使填充完全不透明。

5 选取填充的混合模式。

6 选取"保留透明区域"仅限于填充包含像素的图层区域。

7 选择"渲染"选项：

* "羽化半径"定义羽化边缘在选区边框内外的伸展距离，输入以像素为单位的值。

* "消除锯齿"通过部分填充选区的边缘像素，在选区的像素和周围像素之间创建精细的过渡。

8 点按"好"。

描边路径

用描边方式绘制路径边框

"描边路径"命令可用于绘制路径的边框。可以沿任何路径创建绘画描边，和"描边"图层的效果完全不

图5-23 选中的路径以及描边后的路径

同，它并不模仿任何绘画工具的效果。

在对路径进行描边时，颜色值会出现在现用图层上。开始之前，所需图层一定要处于现用状态。当图层剪贴蒙版或文本图层处于现用状态时，无法对路径进行描边。

使用当前"描边路径"设置描边路径

1 在"路径"调板中选择路径。

2 点按路径调板底部的"描边路径"按钮。每次点按"描边路径"按钮都会增加描边的不透明度，在某些情况下使描边看起来更粗。

描边路径并指定选项

1 在"路径"调板中选择路径。

2 选择要用于描边路径的绘画或编辑工具。设置工具选项，并从选项栏中指定画笔。在打开"描边路径"对话框之前，必须指定工具的设置。

3 要描边路径，请执行下列操作之一：

* 按住 Alt 键 (Windows) 或 Option 键 (Mac OS) 并点按路径调板底部的"描边路径"按钮。

* 按住 Alt 键 (Windows) 或 Option 键 (Mac OS) 并将路径拖移到"描边路径"按钮。

* 从路径调板菜单中选取"描边路径"。如果所选路径是路径组件，此命令将变为"描边子路径"。

4 如果没有在第 2 步中选择工具，请从"描边路径"对话框中选取工具。

5 点按"好"。

剪贴路径

使用图像剪贴路径创建透明度

使用图像剪贴路径定义置入页面排版应用程序的图像中的透明区域。

有关图像剪贴路径的帮助，请选取"帮助"→"输出透明图像"。此交互式向导帮助使用者准备含有透明度的图像，以将其导出到页面排版应用程序中。

在打印 Photoshop 图像或将该图像置入另一个应用程序中时，使用者可能只想使用该图像的一部分。例如，使用者可能只想使用前景对象，而排除背景对象。当打印图像或将其置入另一个应用程序中时，图像剪贴路径允许隔离前景对象并使其他的每个对象透明。

将路径存储为图像剪贴路径

1 绘制一个工作路径，定义要显示的区域。路径是基于矢量的，因此它们都具

图5-24 在不使用图像剪贴路径的情况下导入到 Illustrator 或 InDesign 中的图像（上），以及在使用图像剪贴路径的情况下导入到 Illustrator 或 InDesign 中的图像（下）

有硬边。在创建图像剪贴路径时，无法保留羽化边缘（如在暗调中）的软化度。

2 在"路径"调板中，将工作路径存储为一条路径。

3 从"路径"调板菜单中选取"剪贴路径"，设置下列选项，然后点按"好"按钮：

* 对于"路径"，选取要存储的路径。

* 对于"展平度"，将展平度值保留为空白，以使用打印机的默认值打印图像。如果遇到打印错误，请输入一个展平度值以确定 PostScript 解释程序如何模拟曲线。展平度值越低，用于绘制曲线的直线数量越多，曲线越精确。

4 如果打算使用印刷色打印文件，请将文件转换为 CMYK 模式。

5 通过执行下列操作之一存储文件：

* 若要使用 PostScript 打印机打印文件，请以 Photoshop EPS、DCS 或 PDF 格式进行存储。

* 若要使用非 PostScript 打印机打印文件，请以 TIFF 格式存储并将其导出到 Adobe InDesign 或者 Adobe PageMaker 5.0 或更高版本。

如果将带有 TIFF 预览的 EPS 或 DCS 文件导入 Adobe Illustrator，则图像剪贴路径透明度可能不能正常显示。这只影响屏幕预览，不影响图像剪贴路径在 PostScript 打印机上的打印性能。

第六章
通道与蒙版的使用

通道的工作原理

关于通道

通道是存储不同类型信息的灰度图像：

- 开启新图像时，会自动创建颜色信息通道。

- 创建 Alpha 通道，将选区存储为灰度图像。可以使用 Alpha 通道创建并且存储蒙版，这些蒙版可以作为处理、隔离和保护图像的特定作用。除了支持 Photoshop 中的 Alpha 通道以外，更有存储、加载和删除功能作为 ImageReady 中 Alpha 通道的选区。

- 可以创建专色通道以指定用于专色油墨印刷的附加印版。

一个图像最多有 56 个通道。通道所需的文件大小均取决于通道中的像素信息。某些格式（如JPG、TIFF 等格式）将会压缩通道，减少文件的大小。在弹出式菜单中选取"文档大小"时，文件（包括 Alpha 通道和图层）的未压缩大小都会显示在窗口底部状态区最右边。

若以支持图像颜色模式作为存储格式，可以保留颜色通道。只有以 Adobe Photoshop、PDF、PICT、Pixar、TIFF 或 Raw 等格式存文储档时，才会保留 Alpha 通道。而DCS 2.0 格式只能保留专色通道，若将图像格式改为其他格式存储文件，可能会导致通道信息丢失。

RGB通道

RGB 图像有4个通道：红色、绿色、蓝色以及使用于编辑图像的复合通道。

CMYK通道

CMYK 图像有 5个默认通道：青色、红色、黄色和黑色各有一个通道以及用于编辑图像的复合通道。

图6-1 CMYK通道

图6-2 RGB通道

熟练使用通道——通道控制的使用面板

使用"通道"调板（Photoshop）

"通道"调板可以创建并且管理通道，以及呈现编辑效果。该调板会列出图像中的所有通道，顺序为复合通道（对于 RGB、CMYK 和 Lab 图像），单个颜色通道，专色通道，最后才是 Alpha 通道。通道内容的缩览图则会显示在通道名称的左侧；缩览图在编辑通道时，会有自动更新功能。

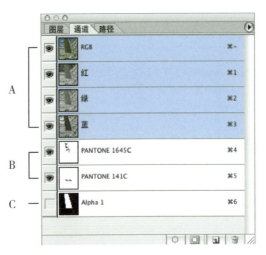

图6-3 通道类型

A. 颜色通道　B.专色通道　C. Alpha 通道

查看通道

可以利用调板来查看单个通道中的组合元素。例如，同时查看 Alpha 通道和复合通道，来观察 Alpha 通道中的更改与整个图像是怎样的关系。默认情况下，单个通道会以灰度显示。

显示"通道"调板

1 选取"Windows"→"通道"或点按"通道"调板选项卡。

2 使用滚动条或调整调板的大小以查看其他通道。

在调板中该通道的左侧若出现"眼睛"图标,就是表示该通道在图像中为可视的通道。

显示或隐藏通道

点按通道旁的眼睛图标,会显示或隐藏该通道中内容。而点按复合通道,则可以查看所有的默认颜色通道中的内容。

为显示或隐藏多个通道,可在"通道"调板中的眼睛列拖移。拖移眼睛列可以更改"通道"调板中多个项目的可见度,并且只有显示的通道才可以打印出来。

下列原则适用于显示的通道:

● 在 RGB、CMYK 或 Lab 图像中,可以看到显示的原色通道(在 Lab 图像中,只有 a 和 b 通道是以原色显示)。

● 如果图像处于现用状态,则这些通道会以原色来显示。

● 在 Alpha 通道中,选中的像素显示为白色,未选中的像素显示为黑色(部分透明或选中的像素则显示为灰色)。这些是通道默认选项。

● 如果同时显示 Alpha 通道和颜色通道,Alpha 通道则会显示为透明颜色叠加,这与打印机的红片或醋酸纤维纸类似。若要更改叠加的颜色或设置其他 Alpha 通道选项。

图6-4 颜色通道显示为原色 – 预置

更改调板的显示

可以在"通道"调板中以原色(而非灰度)显示各个颜色通道,并指定缩览图的大小。使用缩览图是跟踪通道内容最简便的方法,但关闭缩览图的显示可以提高性能。

将颜色通道显示为原色

1 执行以下操作:

* 在 Windows 中,选取"编辑"→"预置"→"显示与光标"。

* 在 Mac OS 中,选取"Photoshop"→"预置"→"显示与光标"。

2 选择"用原色显示通道",点按"好"。

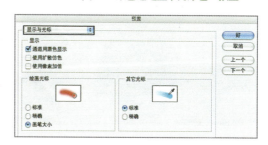

图6-5 颜色通道显示为原色 – 显示与光标

调整通道缩览图大小或将其隐藏

从"通道"调板菜单中选取"调板选项",并且选择显示选项中缩览图大小。

● 点按缩览图大小。使用较小的显示器时,可减少调板所需的空间。

● 点按"无"便可以关闭缩览图的显示。

选择和编辑通道

可以在"通道"调板中选择单个或多个通道。所有选中的、现用的通道名称都会显示。

选择通道

点按通道名称。按住 Shift 键可以连续点按多个通道(或取消选择);按住 Ctrl 键可以独立点按想要的通道。

编辑通道

可以在图像中使用绘画或编辑工具来绘画。用100%的强度白色绘画添加选中通道的颜色;用较低强度的灰色值绘画添加通道的颜色;而用黑色绘画则可完全除去通道的颜色。

Alpha 通道

允许存储和载入选区。可以使用任何编辑工具来编辑 Alpha 通道。当从"通道"调板中选中通道时,前景色和背景色以灰度值显示。

图层蒙版和向量蒙版可以在同一图层上,生成软硬蒙版边缘的混合。通过更改图

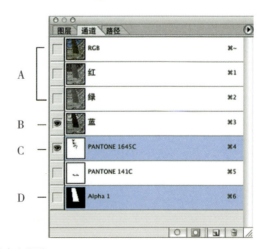

图6-6 选择多个通道

A. 不可见或不可编辑 B.可见但不能编辑 C.查看和编辑 D.编辑但不查看

层蒙版或向量蒙版,可应用各种特殊效果。

复制通道

在编辑通道之前,可以先复制一个备份图像的通道。或者将 Alpha 通道复制到新图像中以创建一个选区库,再将选区逐个加载到当前一个图像,这样可以保持文件较小。

如果要在图像之间复制 Alpha 通道,通道必须为相同的像素尺寸。不能将通道复制到位图模式的图像中。

使用"复制"命令复制通道

1 在"通道"调板中,点选要复制的通道。

2 在"通道"调板中选取"复制通道"。

3 键入复制通道的名称。

4 对于"文档",执行下列任一操作:

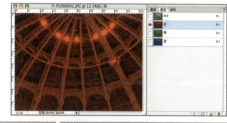

* 选取一个目标。只有与当前图像具有相同像素尺寸的图像才可以打开使用。若要在同一文件中复制通道,请选择通道的当前文件。

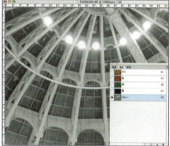

* 选取"新建"将通道复制到新图像中,这样将创建一个包含单个通道的多通道图像并且键入新图像的名称,可以识别该通道。

图6-7 复制通道

5 若要反转复制的通道中选中并蒙版的区域,选择"反相"即可。

通过拖放操作在图像内复制通道

1 在"通道"调板中,选择要复制的通道。

2 将该通道拖移到调板底部的"新通道"按钮上,此按钮为"新建",即可复制通道。

通过拖放或粘贴操作将通道复制到另一个图像

1 在"通道"调板中,选择要复制的通道 (请确保目标图像已打开)。目标图像不必与所复制的通道具有相同的像素尺寸。

2 执行以下操作:

* 将该通道从"通道"调板中拖移到目标图像窗口内。而复制的通道会出现在"通道"调板的底部。

* 选取"选择"→"全部",之后选取"编辑"→"拷贝"。在目标图像中选择通道,并选取"编辑"→"粘贴",之后所粘贴的通道将会覆盖现有通道。

删除通道

存储图像前,想删除不需要的专色通道或 Alpha 通道。复杂的 Alpha 通道将会增加图像所需的磁盘空间。

删除通道(Photoshop)

1 在"通道"调板中选择通道。

2 执行以下操作:

* 按住 Alt 键 (Windows) 或按住 Option 键 (Mac OS) 并点按"回收站"按钮。

* 将调板中的通道名称拖移到"回收站"按钮即可删除。

* 从"通道"调板菜单中选取"删除通道"即可以删除。

* 点按调板底部的"回收站"按钮,然后点按"是"即可删除。

从带有图层的文件中删除颜色通道时,将拼合可见图层并且需丢弃隐藏图层。原因是删除颜色通道会将图像转换为多通道模式,而该模式并不支持图层。当删除 Alpha 通道、专色通道或快速蒙版时,才不会对图像进行拼合。

删除通道(ImageReady)

选取"选择"→"删除通道",从子菜单中选取通道就可以删除。

专色通道

创建专色通道

可以创建新的专色通道或将现有 Alpha 通道转换成为专色通道。

创建新的专色通道

1 选取"窗口"→"通道"以显示"通道"调板。

2 若要用专色填充选中区域,请选择或加载到选区内。

3 执行以下操作:

* 按住 Ctrl 键 (Windows) 或按住 Command 键 (Mac OS) 并点按"通道"调板中"新建通道"按钮。

* 从"通道"调板菜单选取"新建专色通道"。

选择了该选区，则该区域会填充为当前指定的专色。

4 点按颜色框并选取颜色。

如果已选择自定颜色，则印刷服务供货商更容易了解并提供合适的油墨来重现图像，这样印制出来不会与原图像落差太大。

5 对于"密度"，输入一个介于0%~100%之间的值。此选项可以在屏幕上模拟印刷后专色的密度。数值100%模拟完全覆盖下层油墨的油墨（如金属质感油墨）；0%模拟完全显示下层油墨的透明油墨（如透明光油）。

密度 100% 和密度 50%

"密度"与颜色选项只会影响屏幕预览作用以及复合印刷，但并不会影响印刷的分离效果。

若要为专色通道键入名称，请在创建新的专色通道的步骤4中先选取好自定颜色，通道将会采用该颜色的名称。

请务必命名专色，以便读取该文件时其他应用程序能够识别，否则可能将无法打印此文档。

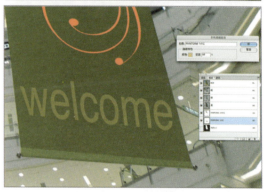

图6-8 创建专色通道

分离与合并通道

将通道分离为单独的图像

可以将拼合图像的通道分离成为单一的图像。原文件被关闭时，单个通道则会出现在单独的灰度图像窗口中。新窗口中的标题栏会显示原文件名和通道缩写(Windows) 或全名 (Mac OS)。新图像中会保留上一次存储后的更改，而原图像则不保留。

当需要在不能保留通道的文件格式中保留单个通道信息时，分离通道非常有用。

将通道分离为单独图像：

从"通道"调板菜单中选取"分离通道"。

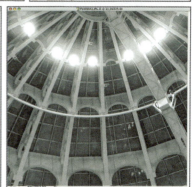

图6-9 分离通道

合并通道

将多个灰度图像合并成为单个图像。"合并"功能可以使单独的扫描合成为彩色图像。合并的图像必须是"灰度"模式，须为相同状态，例如：像素尺寸。打开的灰度图像的数量，则会决定合并通道时可用的颜色模式。例如，RGB 图像中分离的通道不能够合并到 CMYK 图像中，其原因是 RGB为3个通道，而CMYK 为 4 个通道。

当发现意外丢失链接的 DCS 文件时（而因此无法打开、放置或打印该文件），可以将通道文件打开并且将它们合并成为CMYK 图像格式。然后再将该文档重新转存为 DCS EPS文档，即可恢复该文件。

合并通道的步骤

1 打开所有要合并的通道灰度图像，并将其中一个图像视为现用图像。而使"合并通道"选项可用，必须打开两个以上的图像。

2 从"通道"调板菜单中选取"合并通道"。

3 对于"模式"，先选取好创建的颜色模式。适合模式的通道数量会出现在"通道"文本框中。如果该图像不适合，则该模式将会变暗。

4 可以在"通道"文本框中输入数值，以便识别。

输入的通道数量与模式若不符合，则会自动选择多通道模式，这将创建出两个以上的多通道图像。

5 点按"好"。

6 请确保需要的图像的各个通道均已打开。若想要更改图像类型，可点按"模式"返回到"合并通道"对话框，即可立即更改。

7 若想要合并为多通道图像，可点按"下一步"，并且重复步骤 6 选择其余的通道即可。

8 当完成选择通道后，点按"好"按钮。

点选的通道合并成为指定类型的新图像，原图像则在不做任何更改的情况下关闭，新图像则会出现在未命名的窗口中。

不能分离并重新合成（合并）带有专色通道的图像。专色通道将作为 Alpha 通道添加。

图6-10 合并通道

通道与选区的转换

将蒙版存储在 Alpha 通道中

除了"快速蒙版"模式的临时蒙版外，还可以通过将选区存储在 Alpha 通道中，创建更多的永久性蒙版。

可以先在 Photoshop 中创建 Alpha 通道，然后向其中添加蒙版，也可将 Photoshop

或 ImageReady 内的现有选区存储为Alpha 通道,该通道将显示在 Photoshop 的"通道"调板中。

存储蒙版选区

在新的或现有的 Alpha 通道中,可以将任意选区存储为蒙版。

用默认选项将选区存储到新通道中 (Photoshop):

1 选择要隔离的图像的一个或多个区域。

2 点按"通道"调板底部的"存储选区"按钮,即出现新通道,并按照创建的顺序来命名。

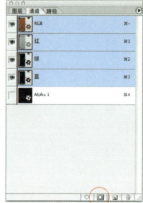

图6-11 选区存储为"通道"调板中的 Alpha 通道

图6-12 将选区存储为蒙版

* (Photoshop) 在"文档"菜单中为选区选取目标图像。默认情况下,选区放在现用图像中的通道内。可以将选区存储到其他打开的且具有相同像素尺寸的图像的通道中,或者存储到新图像中。

* 从弹出式"通道"菜单中为选区选取目标通道。默认情况下,选区存储在新通道中。可以将选区存储到选中图像的任意现有通道中或存储到图层蒙版中 (如果图像包含图层)。

* 如果要将选区存储为新通道,请在"名

将选区存储到新的或现有的通道:

1 选择要隔离的图像的一个或多个区域。

2 选取"选择"→"存储选区"。

3 在"存储选区"对话框中执行下列操作,并点按"好":

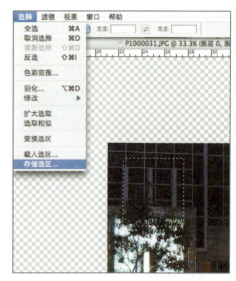

图6-13 选择存储选区

称"文本框中输入一个名称。在 ImageReady 中,可根据需要更改该默认通道名称。

　　* 如果要将选区存储到现有通道中,请选择组合选区的方式:"替换通道"可以在通道中替换当前选区;"添加到通道"可以向当前通道内容中添加选区;"从通道中减去"可以从通道内容中删除选区;"与通道交叉"可以保持与通道内容交叉的新选区的区域。

　　在 Photoshop 中,可在"通道"调板中选择通道以查看以灰度显示的存储选区。在 ImageReady 中存储的选区将以新的或现有的通道出现在 Photoshop 的"通道"调板中。

Alpha 通道转换为专色通道

1 执行以下操作:
* 双击"通道"调板中的 Alpha 通道缩览图。
* 在"通道"调板中选择专色通道,并从调板菜单中选取"通道选项"。
2 如有必要,请重命名通道。
3 选择"专色"。
4 点按颜色框,在"拾色器"对话框中选取颜色,并点按"好"。
5 点按"好"。包含灰度值的通道区域转换为专色。
6 选取"图像"→"调整"→"反相",将颜色应用于通道的选中区域。

图层蒙版的使用方法

关于蒙版图层

　　可以使用蒙版隐藏图层的某部分及显现下方图层的某部分。图层蒙版和向量蒙版都为非破坏性的编辑方式,可以运用在图层的各种特殊效果中,且不影响该图层的像素。

可以建立两种类型的蒙版:

● 图层蒙版是由绘画或选择工具创建,且是与分辨率相关的位图像。

● (Photoshop) 向量蒙版与分辨率无关,是由钢笔或形状工具创建而成。

在图层调板中,图层蒙版和向量蒙版两者都显示为图层缩览图右边的附加

图6-14 蒙版图层

A. 选中的图层蒙版　B.图层蒙版链接图标　C. 图层蒙版缩览图　D. 向量蒙版缩览图　E. 向量蒙版链接图标　F.新图层蒙版

缩览图。图层蒙版的缩览图代表添加图层蒙版时创建的灰度通道。向量蒙版的缩览图则代表剪裁图层内容的路径。

创建图层蒙版

可以使用图层蒙版遮蔽所有图层或图层组，也可以只遮蔽所选图层的某部分及位于下方的图层。或者，也可以编辑图层蒙版，向蒙版区域中添加或删除内容。图层蒙版为灰度图像，因此用黑色绘制的部分将会被隐藏，白色绘制的部分将会被显示，而灰色色调绘制的部分将以各级透明度显示。

添加显示或隐藏整个图层的蒙版

1 选取"选择"→"取消选择"清除图像中的所有选区边框。

2 在图层调板中选择要添加蒙版的图层或图层组。

3 执行以下操作：

图6-15 创建图层蒙版

* 若要创建会显示整个图层的蒙版，请在图层调板中点按"新建图层蒙版"按钮，或选取"图层"调板 →"添加图层蒙版"→"显示全部"。

* 若要创建隐藏整个图层的蒙版，请按住 Alt 键 (Windows) 或按住 Option 键并点按 (Mac OS) "新图层蒙版"按钮，或者选取"图层"调板→"添加图层蒙版"→"隐藏全部"。

添加显示或隐藏某部分选区的蒙版

1 在图层调板中，选择蒙版图层或图层组。

2 在图像中选择区域，并执行以下操作：

* 在图层调板中点按"新图层蒙版"按钮 ，创建会显示选择区域的蒙版。

* 选取"图层"→"添加图层蒙版"→"显示选区"或"隐藏选区"。

复制蒙版（ImageReady）

若要复制蒙版，按住 Alt 键 (Windows) 或按住 Option 键 (Mac OS) ，同时将图层蒙版拖移到其他图层。

编辑图层蒙版

1 点按图层调板中的图层蒙版缩览图，则蒙版缩览图周围会出现边框。

2 选择任一编辑或绘画工具。

3 执行以下操作：

* 若要从蒙版中减去并显示图层，请将蒙版涂成白色。

* 若要看见图层部分，则将蒙版涂成灰色。较暗的灰色会让色阶较为透明，反之，较亮的灰色会变得更加不透明。

*若要向蒙版中添加并隐藏图层或图层组，将蒙版涂成黑色，则其下方图层会变成可见图层。

如果要编辑图层，而非图层蒙版，则在图层调板中点按图层缩览图。图层缩览图周围会出现边框，表示正在编辑图层。

若要将拷贝的选区粘贴到图层蒙版中，请按住 Alt 键 (Windows) 或 Option 键 (Mac OS)，并在图层调板中点按图层缩览图，以选择和显示蒙版通道。选取"编辑"→"粘贴"，在图像中拖移选区会产生所需的蒙版效果，然后选取"选择" →"取消选择"。在图层调板中点按图层缩览图，即可取消选择蒙版通道。

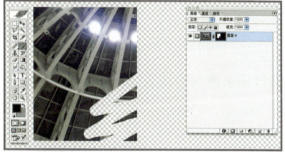

图6-16 编辑图层蒙版

选择并显示图层蒙版通道（Photoshop）

执行以下操作：

● 按住 Alt 键 (Windows) 或 Option 键 (Mac OS)，并且点按图层蒙版缩览图，即可查看灰度蒙版。若要重新显示图层，按住 Alt 键或 Option 键并点按图层蒙版缩览图，或者点按眼睛图标。图层调板中的眼睛图标颜色变暗，就表示所有图层或图层组都被隐藏。

● 同时按住 Alt 键和 Shift 键 (Windows) 或 Option 键和 Shift 键(Mac OS)，并点按图层蒙版缩览图，即可查看图层上方的红宝石蒙版颜色的蒙版。同时按住 Alt 键和 Shift 键（Windows）或 Option 键和 Shift 键(Mac OS)，并再次点按缩览图，即可以关闭颜色显示。

PHOTOSHOP全掌握

停用或启用图层蒙版

执行以下操作：

● 按住 Shift 键，并点按图层调板中的图层蒙版缩览图。

● 选择要停用或启用的图层蒙版所在的图层，之后选取"图层"→"停用图层蒙版"或"图层"→"启用图层蒙版"。

蒙版停用时，图层调板中的蒙版缩览图之上会出现红色的 X，并且图层内容中不会显示蒙版效果。

图6-17 停用图层蒙版

更改图层蒙版的红色显示和不透明度（Photoshop）

1 执行以下操作：

* 按住 Alt 键 (Windows) 或 Option 键 (Mac OS)，并点按图层蒙版缩览图，选择图层蒙版通道，然后点按两次图层蒙版缩览图。

* 在通道调板中点按两次图层蒙版通道。

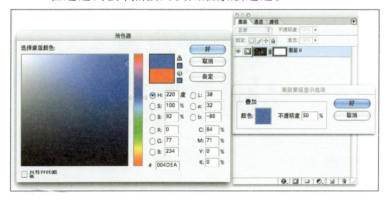

图6-18 改变图层蒙版颜色

2 若要选取新的蒙版颜色，请在"图层蒙版显示选项"对话框中，点按色版，并选取新的颜色。

3 若要更改不透明度，请输入介于 0%~100% 之间的值。

颜色和不透明度设置只会影响蒙版的外观，对如何保护蒙版下面的区域并没有影响。若更改这些设置，会使得蒙版在图像颜色的对比下更加醒目。

4 点按"好"。

取消及重建图层与蒙版的链接

一般来说，在默认情况下，如同图层调板中缩览图之间的链接图标所表示，图层或是图层组是与其图层蒙版或向量蒙版呈现链接状态。所以在这种情况下，当继续使用移动工具来移动图层或其蒙版时，该图层及其蒙版便会在图像中一起移动。此时若取消它们的链接就可以有效地单独移动它们，并且可以独立于图层来改变蒙版的边界。

取消图层与蒙版的链接

您可点击图层调板中的链接图标，便可轻松取消链接。

重建图层与蒙版之间的链接

点击蒙版路径缩览图和图层调板中的图层。

图6-19 取消图层与蒙版

应用和抛弃图层蒙版

在使用Photoshop时经常会担心内存的大小问题，所以当完成图层蒙版的创建后，我们可以应用蒙版让它更改为永久化；也可以选择抛弃蒙版。因为图层蒙版是存储在Alpha通道，所以应用和抛弃图层蒙版有助于减少大小，保证内存的运作速度。

应用或抛弃图层蒙版的步骤

1 点击图层调板中的图层蒙版缩览图。

2 若要删除图层蒙版，并且使其更改为永久生效，可点击图层调板底部的"回收站"按钮，然后点击"应用"（ImageReady 的情况则点击"是"）。

图6-20 重建图层与蒙版链接

3 点击图层调板底部的"回收站"按钮，然后点击"扔掉"（ImageReady的情况则点击"否"），则可删除图层蒙版而不应用更改。

另外也可以使用"图层"菜单来应用或放弃图层蒙版。

▦ 向量蒙版的使用

向量蒙版可以在图层上创建锐边形状。使用笔型工具或形状工具来创建向量蒙版，可以给该图层应用一个或多个图层样式，甚至可以编辑图层样式，而成为按钮、面板或其他 Web等设计元素。

创建向量蒙版

添加显示或隐藏整个图层的向量蒙版（Photoshop）

1 在图层调板中，选择要添加向量蒙版的图层。

2 执行以下操作：

* 若要创建会显示整个图层的向量蒙版，选取"图层"→"添加向量蒙版"→"显示全部"，或者在"蒙版"调板中点按"向量蒙版"按钮。

* 若要创建可以隐藏整个图层的向量蒙版，选取"图层"→"添加向量蒙版"→"隐藏全部"，或者在"蒙版"调板中按住 Alt 键 (Windows) 或 Option 键 (Mac OS)，并点按"向量蒙版"按钮。

添加显示形状内容的向量蒙版（Photoshop）

1 在图层调板中，选择要添加向量蒙版的图层。

2 选择路径或使用形状或钢笔工具绘制工作路径。

3 点按"蒙版"调板中的"向量调板"按钮，或是选取"图层"→"添加向量蒙版"→"当前路径"。

编辑向量蒙版（Photoshop）

请点按图层调板中的向量蒙版缩览图，或者路径调板的缩览图，之后使用形状和钢笔工具更改形状。

快速蒙版的使用

使用"快速蒙版"模式建立选区（Photoshop）

若要使用"快速蒙版"模式，请从选区开始，之后从中添加或删除选区，以建立蒙版。或者，在"快速蒙版"模式下创建整个蒙版。以不同颜色区分受保护和未受保护区域。当离开"快速蒙版"模式时，未受保护区域则将成为选区。

当在"快速蒙版"模式中工作时，"通道"调板中会出现临时快速蒙版通道。而所有的蒙版编辑都会在图像窗口中完成。

创建临时蒙版

1 使用任一选区工具，选择要更改图像的部分。

2 点按工具箱中的"快速蒙版"模式按钮。

颜色叠加（类似于红片）会覆盖并且保护选区以外的区域。选中的区域不会受到该蒙版的保护。默认情况下，"快速蒙版"模式会用50%红色不透明的叠加为受保护区域着色。

3 需要编辑蒙版，请从工具箱中选择绘画工具。而工具箱中的色板将会自动变成黑白色。

4 在图像中，用白色绘制可选择更多的区域（颜色叠加会从白色绘制的区域中

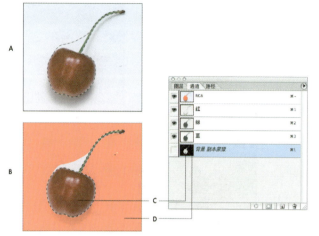

移去）。要取消选择区域，请用黑色绘制（颜色叠加会覆盖用黑色绘制的区域）。用灰色或某一颜色绘制，可创建半透明区域，对羽化或消除锯齿效果非常好（当退出"快速蒙版"模式时，半透明区域可能以非选中状态出现，但实际上是处于选中状态）。

⑤ 点按工具箱中的"标准"模式按钮，关闭快速蒙版并且返回原图像，选区边界会包围快速蒙版的未保护区域。

如果羽化的蒙版被转换为选区，则边界线会处于蒙版渐变的黑白像素之间。选区边界表明为：像素转换正从选中的像素不足 50% 变为选中的像素多于 50%。

图6-21 "标准"模式和"快速蒙版"模式

A. "标准"模式 B. "快速蒙版"模式 C.选中的像素在信道缩略图中会以白色显示 D.红色叠加保护选区以外的区域，未选中的像素在信道缩略图中会以黑色显示

⑥ 将所需更改应用到图像中。更改只会影响到选中区域。

⑦ 选取"选择"→"取消选择"来取消选择选区，或"选择"→"存储选区"来存储选区。

提示

图标通过切换到标准模式，并且选取"选择"→"存储选区"可以将临时蒙版转换为永久性 Alpha 通道。

更改"快速蒙版"选项

① 在工具箱中，点按两下"快速蒙版"模式按钮。

② 从下列显示选项中选取：

*"被蒙版区域"会使区域显示为黑色（不透明），用黑色绘画可以扩大被蒙版区域；反之，选中区域则显示为白色（透明），白色绘画则可以扩大选中区域。使用该选项时，工具箱中的"快速蒙版"按钮，显示为

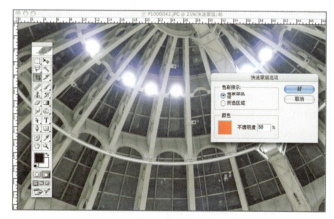

图6-22 更改快速蒙版

灰色背景上的白圆圈"快速蒙版模式"按钮。

*"所选区域"会使被蒙版区域显示为白色（透明），用白色绘画可扩大被蒙版区域；反之，选中区域显示为黑色（不透明），用黑色绘画则可以扩大选中区域。使用该选项时，工具箱中的"快速蒙版"按钮，显示为白色背景上的灰圆圈"快速蒙版模式"按钮。

要在快速蒙版的"被蒙版区域"和"所选区域"选项之间切换，请按住 Alt 键（Windows）或按住 Option 键（Mac OS），并点按"快速蒙版"模式按钮。

3 若要选取新的蒙版颜色，请点按颜色框并且选取新颜色。

4 若要更改不透明度，请输入介于 0% ~ 100% 之间的数值。

颜色和不透明度设置都只会影响蒙版的外观，但对于保护蒙版下面的区域并没有影响。若更改这些设置，会使得蒙版在图像颜色的对比下更加醒目。

A

B

C

图6-23 在"快速模式"下绘制

A. 原来的选区和将绿色选作蒙版颜色的"快速蒙版"模式　B.在"快速蒙版"模式下，白色绘制可添加到选区　C.在"快速蒙版"模式下，黑色绘制可从选区中减去

剪贴蒙版的使用

创建剪贴蒙版

剪贴蒙版可使用某个图层的内容蒙盖其上面的图层。由底部或基底图层的透明像素蒙盖上面的图层（属于剪贴蒙版）的内容。例如，一个图层上有个形状，上层图层中又有纹理，而最上层的图层又有文本。若将这三个图层都定义为剪贴蒙版，那么纹理和文本只会通过基底图层上的形状来显示，并且具有基底图层的不透明度。

剪贴蒙版中只能包括连续图层。蒙版中的基底图层名称带下划线，上层图层的缩览图为缩进的。重叠图层则显示"剪贴蒙版"图示。"图层样式"对话框中的"将剪贴图层混合成组"选项，可确定基底效果的混合模式是影响整个组还是只影响基底图层。

图6-24 带有"屋顶素材"和"猎犬"图层的剪贴蒙版

移去剪贴蒙版中的图层

执行以下操作之一：

● 按住 Alt 键 (Windows) 或 Option 键 (Mac OS)，将指针放置在图层调板上分隔两个图层的线上（指针变成两个交叠的圆），然后点按。

● 在图层调板中，选择剪贴蒙版中的图层，并选取"图层"→"释放剪贴蒙版"。此动作是要在剪贴蒙版中移去所选图层和它上面的任何图层。

取消编组剪贴蒙版中的所有图层

1 在图层调板中，选择剪贴蒙版中的基底图层。

2 选取"图层"→"释放剪贴蒙版"。

创建剪贴蒙版的步骤

执行以下操作之一：

● 按住 Alt 键 (Windows) 或 Option 键 (Mac OS)，将指针放置在图层调板上分隔两个图层的界线上（指针变成两个交叠的圆），然后点按。

● 在图层调板中选择图层，之后选取"图层"→"创建剪贴蒙版"。

● 将图层调板中的所需图层链接起来。之后，选取"图层"→"从链接图层创建剪贴蒙版"。

剪贴蒙版会被分配组中最底层图层的不透明度和模式属性。

将剪贴蒙版复制到另一个图层

1 选择该剪贴蒙版。

2 按住 Alt 键 (Windows) 或着按住 Option 键 (Mac OS)并点按该蒙版，然后将其拖移到目标图层。确保在松开鼠标按钮前，目标图层高亮显示。否则，目标图层将无法正确地接收该蒙版。

第七章
教学实例

CD封面设计

CD封面设计步骤

1. 新建文件，导入绘制好的稿件进行调整（图7-1）。

a

b

图7-1

2. 使用命令"编辑"→"变换"→"缩放"，同时按住Shift键，等比调整图像大小，并按Enter键确认（图7-2）。

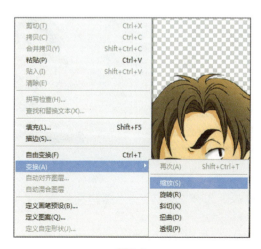

图7-2

3. 建立新图层, 选取颜色, 使用 "渐变工具" 填入色彩 (图7-3)。

4. 选择 "滤镜" → "渲染" → "云彩" 制作底纹 (图7-4)。

5. 使用 "矩形选框工具" 删除不用的区域, 制造条纹效果 (图7-5)。

6. 置入文字并使用字符调板调整文字间距 (图7-6)。

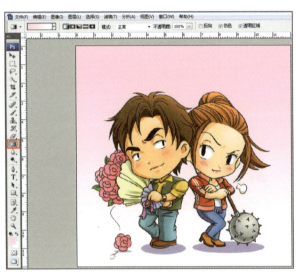

图7-3

图7-4

图7-5

图7-6

7. 若要更改文字效果, 选择 "图层" → "栅格化" → "文字" 将文字转成位图, 这样才能进行处理 (图7-7)。

8. 选择 "图层" → "图层样式" → "投影" → "光泽" 调整数值制造文字效果 (图7-8)。

 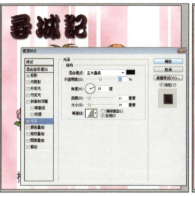 

图7-7　　　　　　　　　　a　　　　　　　　　　b

图7-8

9. 使用命令"图像"→"调整"→"色相/饱和度"调整文字饱和度及色调（图7-9）。

10. 输入文字再利用"编辑"→"描边"→"居外"将宽度设定为1px做出黄色边框（图7-10）。

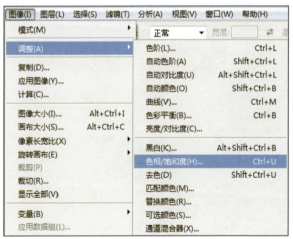 

图7-9　　　　　　　　　　　　　　　图7-10

11. 使用"多边形套索工具"制作三角形，选取范围后填入颜色（图7-11）。

12. 置入文字后使用"编辑"→"变换"→"旋转"来改变方向，并按 Enter 键确（图7-12）。

13. 完成（图7-13）。

图7-11　　　　　　　　　　　图7-12

图7-13

CD光盘制作

1. 开启新文件（图7-14）。

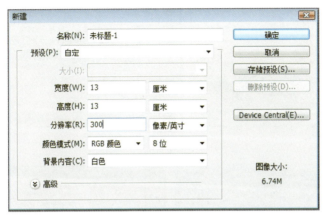

图7-14

2. 由"选取范围工具"→"样式"→"固定比例"制作固定比例圆形，并"选择"→"存储选区"将其储存图（7-15）。

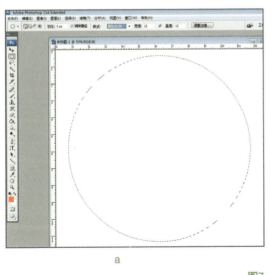

a

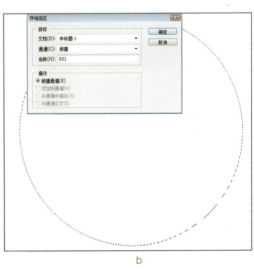

b

图7-15

3. 将所需图像放于新图层（图7-16）。
4. 再新建一图层并使用填色工具填入色彩（图7-17）。
5. 点击"图层属性"选择"色相"（图7-18）。

图7-16

图7-17

图7-18

6. 选择"通道"→"将通道作为选区载入"，用原先储存的圆形来选取范围（图7-19）。

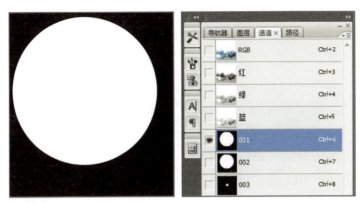

图7-19

7. 回到填色图层上，点击"选择"→"反向"，去除不需要的部分，只留下圆形（图7-20、图7-21）。

图7-20

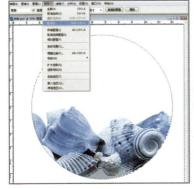

图7-21

8. 复制填色图层，改变其颜色及透明度，点击图层选单下方"添加图层蒙版"建立一新蒙版（图7-22）。

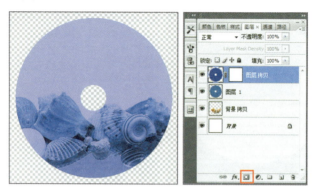

图7-22

9. 用"渐变工具"在蒙版上作一屏蔽（图7-23）。

图7-23

10. 使用"文字工具"输入文字，并于上方工具栏中调整字体与颜色（图7-24）。

图7-24

11. 使用命令"图层"→"图层样式"→"斜面和浮雕"调整参数来制造文字的立体感（图7-25）。

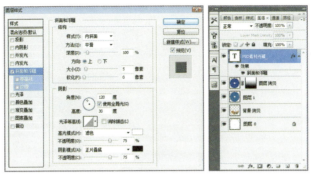

图7-25

12. 再建立一个图层置入纹样（图7-26）。

图7-26

13. 调整好位置后，由"图层属性"→"柔光"，来改变纹样效果（图7-27）。

图7-27

14. 选择"编辑"→"变换"→"变形"调整纹样弯曲度（图7-28）。

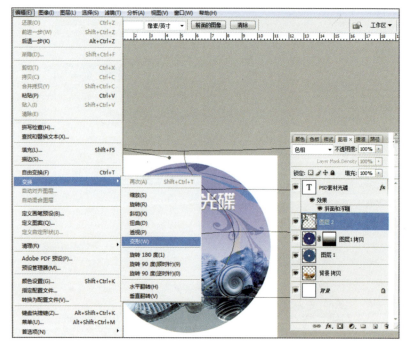

图7-28

15. 最后将"图像拼合"另存为jpeg文档，制作完成（图7-29）。

图7-29

名片设计

1. 新建文件，大小设定为9cm×5.4cm、分辨率为350dpi、颜色模式为CMYK（图7-30）。
2. 填入底色（图7-31）。

图7-30　　　　　　　　　　　　　　　　　　　图7-31

3. 置入预先找好的纹样，利用"图像"→"调整"→"色彩平衡"改变颜色，以及利用"正片叠底"、"不透明度"改变其效果（图7-32，图7-33）。

图7-32　　　　　　　　　　　　　　　　　　　图7-33

4. 新建一新图层使用"钢笔工具"做一曲线范围，并到"工作路径"→"将路径作为选区载入"填入渐层色（图7-34，图7-35，图7-36）。

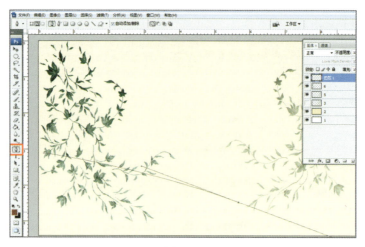

图7-34

图7-35

图7-36

5. 输入文字调整字体、颜色及大小，转为删格化后进行"编辑"→"描边"，以增加文字在底图上的辨识度（图7-37, 图7-38）。

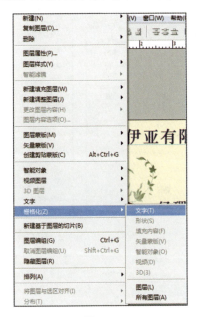

图7-37

图7-38

6. 新建一图层，使用"画笔工具"，并按住Shift键拉出直线（图7-39）。

图7-39

7. 将公司名称删格化，选择"图层"→"图层样式"→"斜面和浮雕"作出三维效果（图7-40）。

8. 到图层选单选择"拼合图像"（图7-41）。

9. 另存为tiff格式便完成（图7-42, 图7-43）。

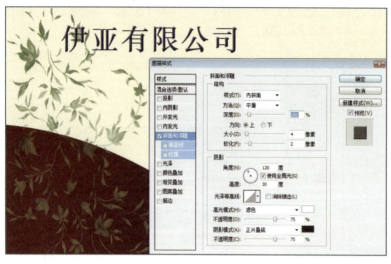

图7-40   图7-41

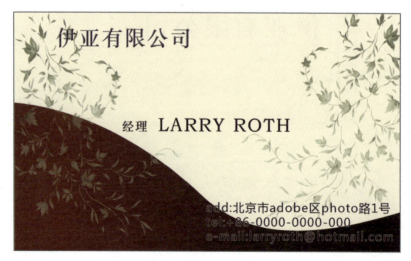

图7-42

图7-43

贺年卡制作

1. 新建文件，尺寸设为A6大小（10.5cm×14.8cm）、分辨率300dpi、颜色模式CMYK四色（这点很重要！不然会与印刷出来的颜色有很大差异）（图7-44）。

2. 导入人物调整其位置（图7-45）。

图7-44　　　　　　　　　　　　　　图7-45

3. 针对人物建立蒙版：对人物进行选取并使用命令"图层"→"图层蒙版"→"显示选区"，通过单击鼠标将图层菜单中的蒙版缩图点至人物缩图。这样对人物做任何效果都不会影响到人物之外的范围（图7-46，7-47）。

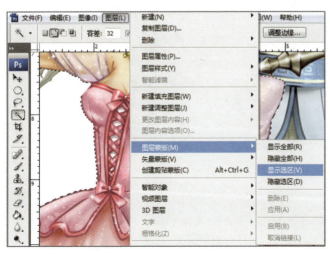

图7-46　　　　　　　　　　　　　　图7-47

4. 选取画笔及指定颜色进行装饰（图7-48）。

5. 选择"图层"→"图层样式"→"外发光"为人物增加柔光感（图7-49，图7-50）。

图7-48

图7-49

图7-50

6. 将人物复制后调为模糊（"滤镜"→"模糊"→"高斯模糊"）（图7-51，图7-52）。

7. 将其透明度调低，重叠于原始人物图层上以制造出朦胧美感（图7-53）。

8. 将准备好的底纹图档置入，按下确认键（图7-54）。

图7-51

图7-52

图7-53

图7-54

9. 输入文字并删格化以便编辑（图7-55，图7-56）。

10. 使用"图层"→"图层样式"→"阴影"增加文字立体感（图7-57）。

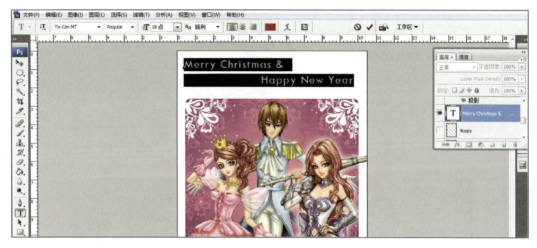

图7-55

图7-56

图7-57

11. 选择"画笔工具"→"创建新画笔"载入新画笔，并另建新图层填入颜色制作边框（图7–58）。

图7–58

12. 调整边框大小："编辑"→"变换"→"缩放"（同时按住Shift键）（图7–59）。

图7–59

13．选择"图层选单"→"拼合图像"，另存新文件为tiff格式便完成（图7-60，图7-61）。

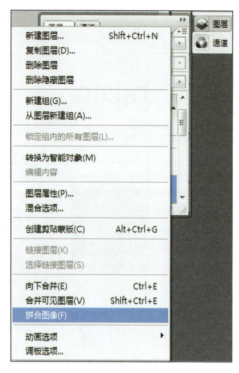

图7-60

图7-61

彩色漫画制作

1．新建一文档导入已画好的文件，分辨率设为300dpi、颜色模式设为灰度（图7-62）。

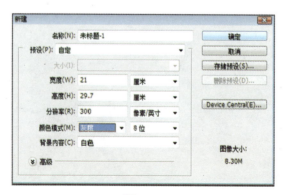

图7-62

2. 使用命令"图像"→"调整"→"色阶"、"曲线"、"亮度/对比度"来将影像变明亮（图7-63）。

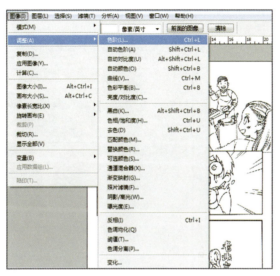

图7-63

3. 选取范围上色，我们将线条与背景分离，可选择"通道"→"将通道作为选区加载"，到图层选单制作一新图层，将选取范围反转填入黑色（图7-64，图7-65）。

图7-64

图7-65

4. 为了避免将颜色错误填入线稿中，可将此图层锁定（图7-66）。

5. 填入决定好的色彩（图7-67）。将图像转为彩色（"图像"→"模式"→"RGB颜色"），在不同图层使用"油漆桶工具"。

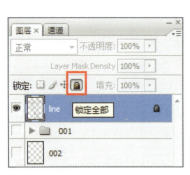

图7-66

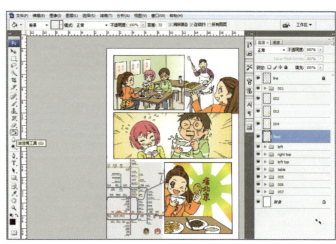

图7-67

6. 为了突出金属感可使用"渐变工具"拉出渐变的颜色以表示光泽（图7-68）。

图7-68

7. 背景的效果可另打开一图层，使用"椭圆选框工具"→"样式"→"固定比例"，按住 Shift 键同时拉出不同大小三个圆形后，再用"渐变工具"填入渐层色（图7-69，图7-70）。

图7-69

图7-70

8. 将图层拖拉至"图层选单"→"创建新图层"来复制图层（图7-71）。

9. 利用"编辑"→"变换"→"旋转"来调整方向，制造圆形排列效果（图7-72）。

图7-71

图7-72

10. 再建立一新图层，使用"椭圆选框工具"→"编辑"→"描边"→"居外"，宽度设为5PX，再填入白色来绘制对话框（图7-73，图7-74）。

图7-73　　　　　　　　　　　　　　图7-74

11. 反复利用图层复制对话框，输入文字便完成（图7-75）。

图7-75

风景画教学

进阶课程——写实与合成的完美结合

1. 从"文件"的下拉式菜单中选择"新建",此时会出现"新建"文件的对话框。

2. 接着在"新建"文件的对话框中进行更改与设定。包含:

名称:输入符合文件的名称。

预设:是指新建文件预设的尺寸大小,有多种默认尺寸可以选择。

宽度和高度:可以输入任意数值,单位也可以更改,如厘米、像素等。

分辨率:数值越低,图片的质量就越低;数值越高,图片的质量也就越好。一般印刷用的文件分辨率为300像素/英寸就足够了,若是要制作如漫画网点则可输入600像素/英寸,以避免输出时形成错网的现象。

颜色模式:用于印刷就选择"CMYK"模式,一般则选择"RGB"模式便可。

背景内容:类似画纸的概念,通常选择"白色",这样在设计上会看得比较清楚,也可以选择"背景色"或"前景色",但前提是要在工具箱中先进行设定。

图7-76 新建文件与界面

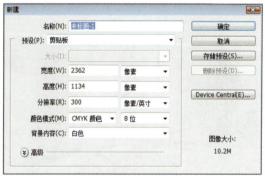

图7-77 新建文件设定

3. 设定完成后,在桌面上会出现一张长形的白色背景画纸(将背景图层双击设为"图层1")。点击画笔工具,并开始设定接口右边针对画笔工具所做的各项细节。在本范例中,选择RGB黑色(数值调至0即为黑色)、柔边圆形、画笔直径为27px,在"画笔预设"下方便会显示画笔默认的基础设置及效果。

接着新增图层(图层2),便可在画纸上开始做简单的速写,此时画笔速写的功用在于合成前能先有原始的概念,请搭配数字板及压力笔绘制,才能让速写效果如同用笔画图一般。

图7-78 开始速写

图7-79 速写完成

4. 在速写完成之后，再制作一个新的图层，用意是将线条与颜色分开制作，之后有任何需要更改时，便可针对该图层进行修改，接着在新图层上使用边缘柔和的画笔在画纸上进行简单的上色。

这个步骤能让画纸上重要范围的绘制更清晰。将图层的"填充"值设为75%，这样就可以看清楚刚才的速写线条，不用担心会涂错区域。

图7-80 填上基础色调

5. 虽然这不是给照片真实地上色,但还是可以使用照片让过程及进度加快。在这个文件中将使用几张不同的照片以达到预期效果。

首先开始制作背景图层。先搜集图片数据,将图片与速写完美配合,才能让设计工作更加完美。例如这张远山与湖的照片,点击工具箱中的"移动工具",再按键盘的"Ctrl+C",把整张图做圈选。

图7-81 导入图片并选择整张图片

6. 使用Ctrl快捷键将这张湖水照片全部选取，接着按住"Ctrl+C"，就是复制图片。再回到原来的文件里，按住"Ctrl+V"，把刚才复制的图片粘贴到目前的文件中，同时系统会默认新增一个图层。

图7-82 照片复制与黏贴

7. 现在开始将这张湖水图变形。选择"编辑→变形"选项进行手动变形，把它调整到符合整张图纸的大小。

在调整的过程中，若是想确定湖水图片与速写线条的对位关系，可以先将湖水图的"不透明度"降低（调整好之后要记得将不透明度调回100%）；或是在图层接口中用鼠标左键按住要调整的图层（如湖水图），往上或往下拖曳变更图层顺序。

图7-83 图片变形与图层位置调整

8. 所以现在我们就有了基本的绘制景致,接着把注意力移到前景并使用另一张照片。但是现在并不像先前的复制与粘贴了,而是在图层上制作蒙版,目的是将所要用照片的其中某些部分遮住。

使用"套索工具"圈出想要遮住的范围,然后在图层(下拉式)菜单中选择"图层蒙版"→"隐藏区域"。

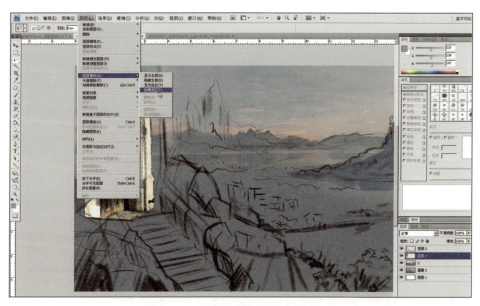

图7-84　图层菜单中制作图层蒙版

图7-85　分开设定图层与蒙版

蒙版的基本设定完成之后，在图层面版中点击蒙版标记（位于图层标记的右边）。蒙版通常会链接到被遮住的图层，如果想要做个别的变形，必须要在（图层面版中的）图层标记与蒙版标记之间点击，形成"不链接"的状态。

在执行如个别的变形、弯曲及移动图层或蒙版等指令之后，其实是经常使用这些功能的，例如无法选择这扇木门的大小，但又需要改变它的大小并符合正确的透视时，便会用到这些工具。使用蒙版工具时可按"Ctrl+T"，接着点击位于控制面板上方的网状标记。

图7-86 使用网状变形图层

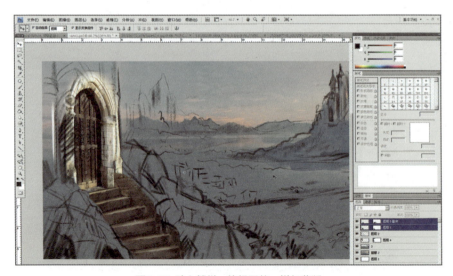

图7-87 贴上楼梯、编辑网状、增加蒙版

接着再执行同样的步骤(将图片复制粘贴→编辑网状→增加蒙版),在处理照片合成时,的确是很难找到一张恰如其分且不需做任何更改的照片,但经过适当的修改,便会有出乎意料的结果。

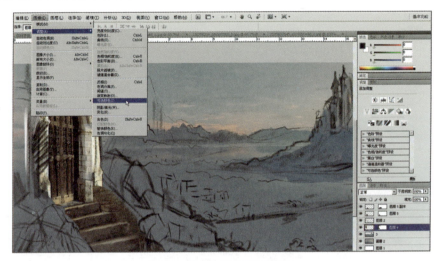

图7-88 使用"可选颜色"配色

9. 绘制图画不是只将形状做些改变,或是当作美术拼贴来做些混合,而是在背景内也需注重色彩搭配。所以在形状改变之后,需开始配色。从下拉式图层菜单的"调整"选项中选择"可选颜色",这样便可在不做其他特殊颜色的改变下,做有选择的改变。

在此范例中,将会分配主要的非色彩(是指所有灰色及中间色调的阴影部分)并需要更多的改动。例如加入一些洋红、青绿、黄色,让整体色调偏向暖色系。

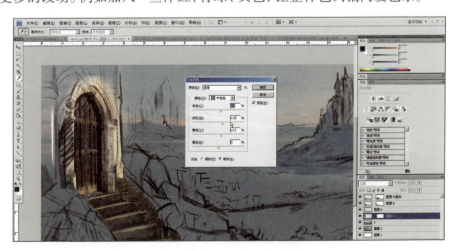

图7-89 在"可选颜色"里配色

画纸上仍然留下粗糙与杂乱感,所以接下来的步骤就是让构图更清楚一些,增加新的图层并在画面前景内画些明亮的色彩,使这张风景图能分为明确的两个部分。

图7-90 画出前景色彩

10. 当在绘制一张图画时,记住:千万不要在一个细节上投入太多的关注,避免造成图画整体效果不协调,譬如在前景中已有一些想法时,需要回到整体背景里观察与确认。

放置另一张有着远方老旧城市的照片,一样也是复制及改变大小,在一些地方会使用"印章"工具(复制画面上未被选择的部分或是轻微地润色)。

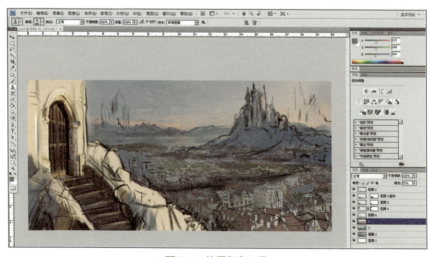

图7-91 使用印章工具

接着用简单的笔刷做出山的纹理，让它看起来更加自然。

图7-92 在背景上画些细节

11.在设定好风景画的大部分元素之后，开始"制造"河流！使用工具箱下方的"以标准模式编辑"按钮。

图7-93 以标准模式编辑

鼠标按下时,该标记会呈现红色,接着选择"笔刷"工具(或快捷键Ctrl+B)便可画出蒙版范围。

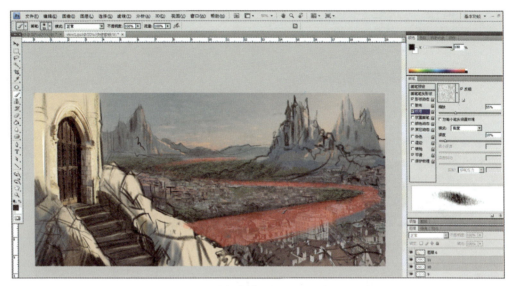

图7-94 在标准模式中画出蒙版范围

画面上看到的红色范围即为用笔刷画出的蒙版范围,再点击一次"以标准模式编辑",红色范围便取消,但会保留由选取的虚线所构成的范围。

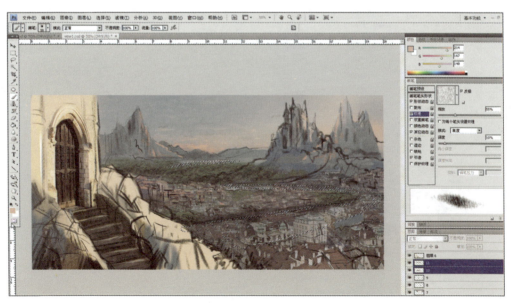

图7-95 取消"标准模式编辑"

为了做出自然逼真的河流，需要再次用到背景照片，因此先保留蒙版的虚线选区范围，复制一个图层（拖拉到图层面板制作新图层），然后再从下拉式图层菜单中选择"图层蒙版"→"显示选区"。

图7-96 复制背景图层照片并应用于蒙版

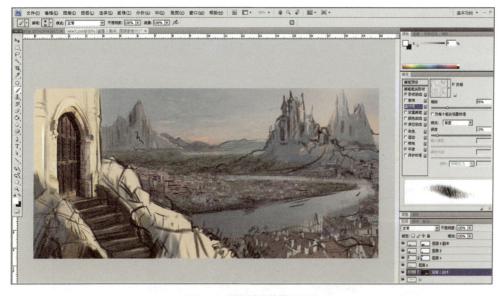

图7-97 用笔刷调整蒙版形状

当水面清晰时,再用笔刷修正形状,修正次数及时间由设计者依照自己需要而定。

再回到图层这部分。在不改变河流原本颜色的前提下,制作它的波纹。打开一张有清楚水波纹的照片,但是和之前使用的照片是不一样的,也可用类似的花纹做代替。

打开一张照片制作新纹样,从下拉式"编辑"菜单中,选择"定义图案",此时会出现一对话框,输入这个图案的名称。

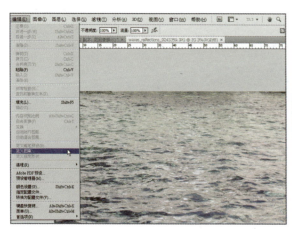

图7-98 从照片中定义图案

图7-99 输入图案名称

接下来选择工具箱中的"加亮工具",开启笔刷工具面板,在纹理选单中进行选择。点击纹理预视并选择刚才设定好的"waves",然后开始绘制。现在"擦亮工具"会把纹理涂在水面上,并把亮点擦亮。若是无法达到预期效果,可点击与"加亮工具"相反的"加深工具"。

图7-100 使用"加亮工具"及纹理笔刷绘制水面

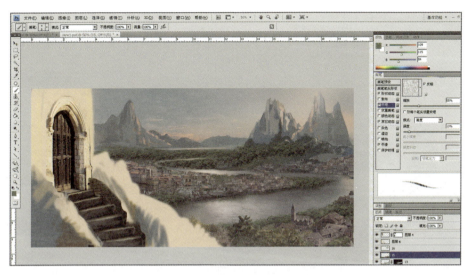

图7-101　在背景里增加更多细节

　　在河流处理好之后,陆续在森林及城市中增加更多细节,仍旧使用笔刷工具。为了不让山的景色过于单调,决定建造一座不同于山丘城市的"城堡"。找一张具有中世纪德国风情的城堡照片贴入。

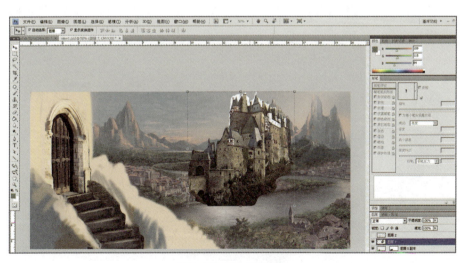

图7-102　贴上城堡照片

　　同样地,也是将城堡的部分照片作变形及复制,将其调整至如同精灵故事里城堡般的大小后,贴在山上。

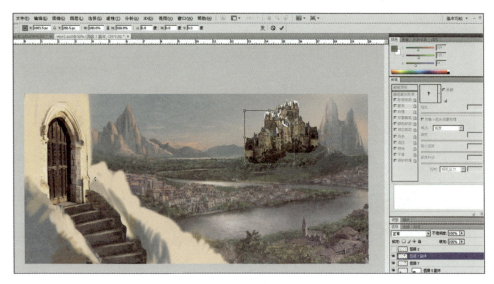

图7-103 将城堡照片进行复制与变形

在最后要改变透明程度,使照片与背景能融合得更好。

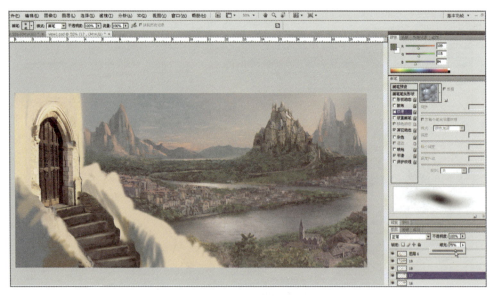

图7-104 改变图层透明度

城堡虽然合成好了,但是大小及距离与其后方的山太过相近,为了突出城堡,再新建一个新图层,并且在城堡的周围制造一些光。

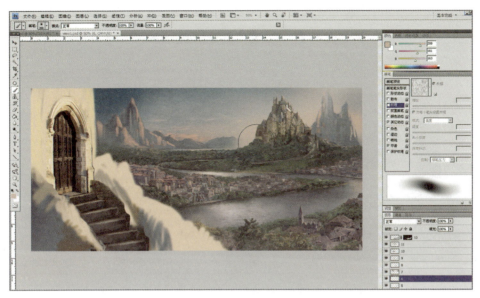

图7-105 在背景加一些光

在结束绘制之后,改变图层混合模式可选择正常、线性加深或线性减淡。

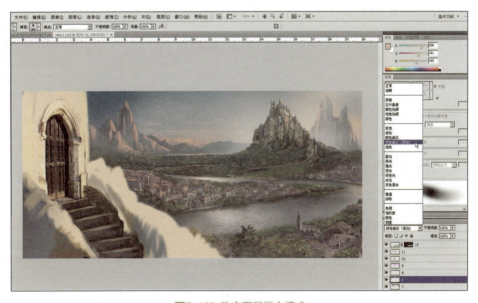

图7-106 改变图层混合模式

现在回到前景的部分,因为其中仍存有粗糙及不完整的部分。

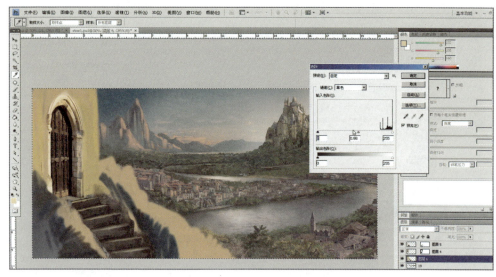

图7-107 回到前景继续配色

再次调整色彩,让它变得暗些!从图像调整菜单中选择不同的指令并开始绘制细节,擦掉一些速写的部分。

图7-108 画更多的细节

下一部则是贴上一些石块纹理并覆盖在上面,这样能让设计工作更快且效果更好。

图7-109 贴上石头纹理

接着再次复制与变形，并绘制更多细节。

图7-110 整体增加更多细节

图7-111 局部增加更多细节

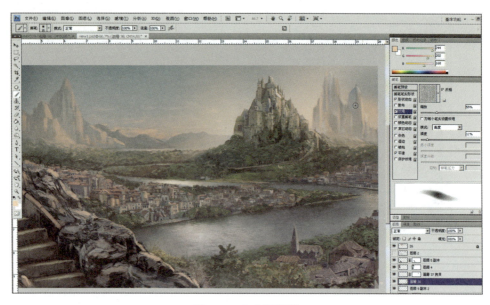

图7-112 完成背景风格

别忘了在这张风景画中添加点自然的阳光！绘画阳光时，需在单独的图层内绘制，以便颜色设定与融合。

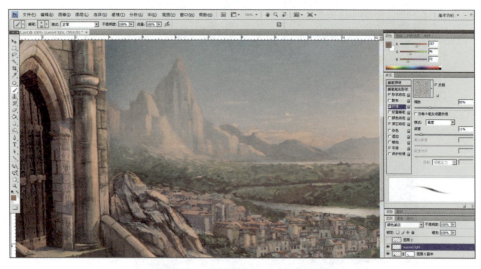

图7-113 在整张画中加入阳光及其亮点

然后使用"加深工具"制造阴影。

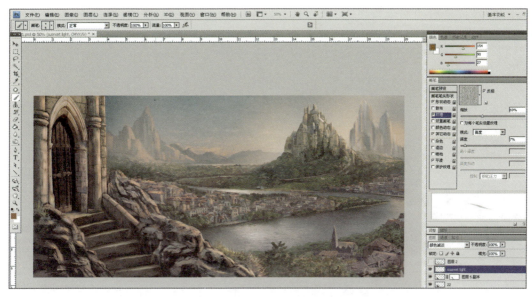

图7-114　光亮绘制完成

这张风景画已经接近完成阶段了，只需要做细微的修正即可。

图7-115　润色与修饰前

在经过最后的润色与修饰之后, 这张城堡风景画便完成了!

图7-116 完成图